美丽中国海

黄海

于潇湉 / 主编　于潇湉 江冲 / 著
庞旺财 / 绘

中信出版集团 | 北京

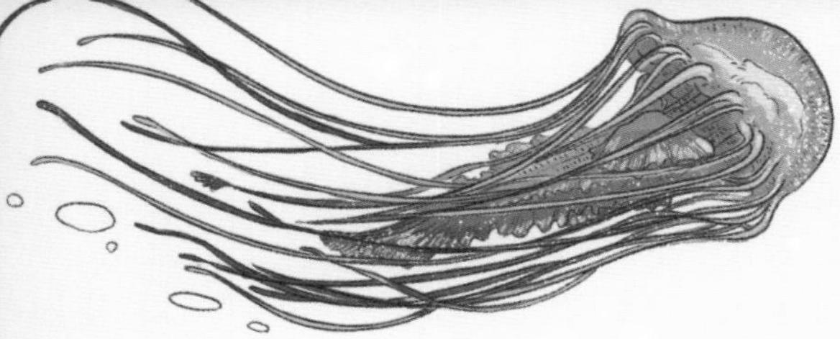

图书在版编目（CIP）数据

美丽中国海：黄海 / 于潇湉主编；于潇湉，江冲著；庞旺财绘. -- 北京：中信出版社，2024. 11.
ISBN 978-7-5217-6698-1
Ⅰ. P722.5-49
中国国家版本馆 CIP 数据核字第 2024HY1866 号

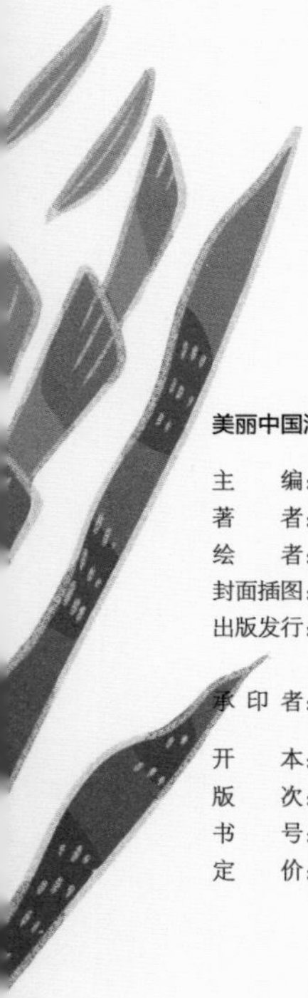

美丽中国海 · 黄海

主　　编：于潇湉
著　　者：于潇湉　江冲
绘　　者：庞旺财
封面插图：庞旺财
出版发行：中信出版集团股份有限公司
（北京市朝阳区东三环北路27号嘉铭中心　邮编　100020）
承 印 者：北京尚唐印刷包装有限公司

开　　本：889mm × 1194mm　1/16　　印　　张：3　　字　　数：100千字
版　　次：2024年11月第1版　　印　　次：2024年11月第1次印刷
书　　号：ISBN 978-7-5217-6698-1
定　　价：25.00元

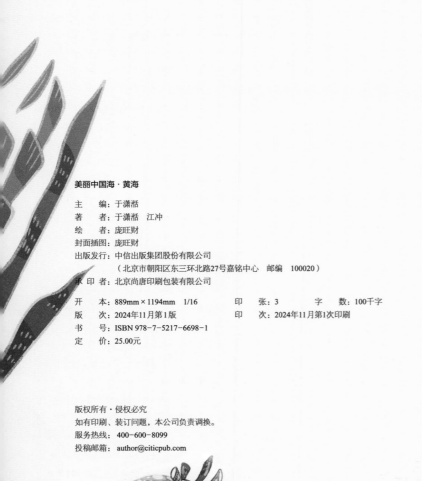

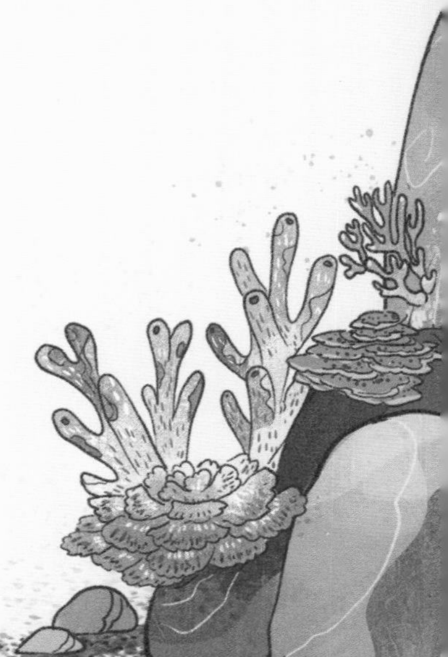

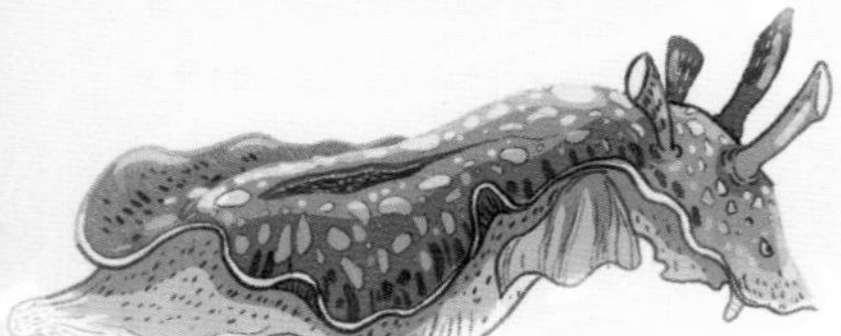

大家好，我是蛟龙号，是咱们中国第一台自行设计、自主集成研制的载人潜水器。

我身披铠甲，能在浩瀚的海洋中自由穿梭，载着满怀好奇心的科学家和工程师探寻神秘而迷人的海底世界。无论是崎岖的海山、壮观的洋脊、深邃的盆地，还是神秘的热液喷口，我都能灵活地游弋其间。

这次，我将带大家一起探索中国四大海域中独具魅力的黄海。你知道吗，黄海边有传说中的蓬莱仙境，海中还散布着各具特色的海岛，居住着奇妙的海洋生物，更有一支能种海鲜的“联合养殖舰队”……那么现在，你准备好了吗？让我们共同开启一场精彩的黄海探秘之旅吧！

来，和黄海见个面吧

黄海，位于中国大陆和朝鲜半岛之间，是一个近似南北向典型的半封闭海域。

黄海的总面积约为 38 万平方千米，相当于 5 000 多个标准足球场大小。

黄海北接渤海，南临东海，拥有众多港湾和星罗棋布的大小岛屿，海中生活着种类繁多的海洋生物。

盐度

世界海水的平均盐度约为 35‰，即每千克海水中含有 35 克盐。黄海海水的盐度年平均值为 29.1‰ ～33.5‰，从南向北，盐度降低。

黄海沿岸地势平坦，面积广阔，且年蒸发量大，有明显的干季，具备良好的晒盐条件，是中国重要的盐产地。

北边的海水好像
咸味淡一点儿。

温度

冬季，黄海表层水温为2～8℃。夏季，黄海表层水温约为 25℃。

夏秋季节，在黄海中部洼地深层和底部分布着冷水团，这为浅水养殖冷水鱼类提供了条件。

历史上，黄河水曾携带大量泥沙流入黄海海域，再加上淮河、鸭绿江等河流搬运来的泥沙，使黄海成了世界上接受泥沙最多的边缘海。黄海也因此拥有了独特的黄色色调，这下你知道它为什么叫“黄海”了吧！

海上致命杀手”——
海雾

黄海是我国海雾发生最
繁的海区之一。空气中的水
凝结成细微的水滴悬浮在
中形成海雾，可使周围海面
气水平能见度低于 1 000
，有时甚至低于 50 米。

一份青岛海事局的不完
统计结果显示：船舶在海域
碰撞或搁浅的事故中，近
)% 是受到了海雾的影响。

水色

海洋中的水呈现的颜色就是水色。冬季，黄海大部分海域的水色在 6～8 号之间。（黄海真是名副其实！）

春季，黄海大部分海域的水色在 9～11 号之间。（像 1～3 号这样的水色，在这里是很难见到的！）

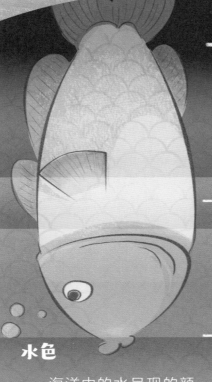

入海河流

注入黄海的河流很多，其中较大的河流有鸭绿江、淮河，以及朝鲜半岛的大同江和汉江等。

不可思议，海边城

在黄海边，“生长”着一座座城，它们有的宁静古朴，有的繁华现代，有的活力四射，有的闲适悠然。这些城市优越的地理位置，成就了它们的独特和不可思议……

山东省日照市——港口厉害得很

日照在山东东南部，东临黄海。日照港湾阔水深，陆域宽广，气候温和，适宜建设20万～40万吨的大型深水泊位，是难得的天然深水良港。

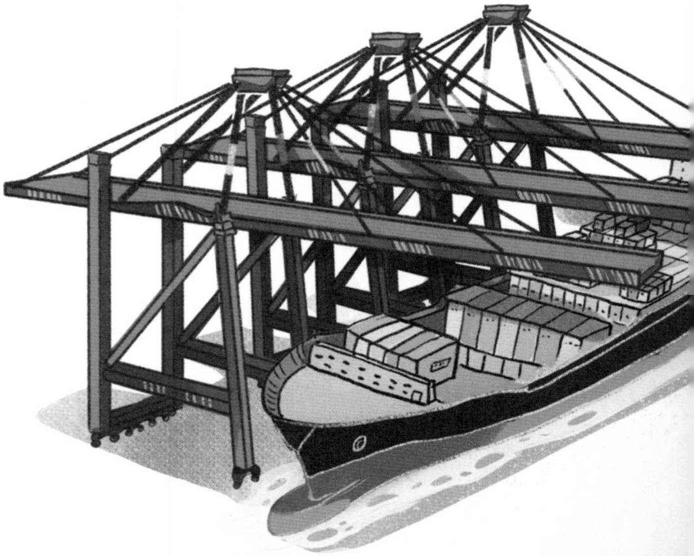

山东省威海市——天之尽头

威海被黄海三面环绕。威海的成山角又称“天尽头”，是山东半岛的最东端，被称为“中国的好望角”。

以下是日照、威海、烟台、青岛四个城市的特色美食，你能猜出它们分别来自哪个城市吗?

▶ 石花菜凉粉

这种凉粉是用石花菜经过晾晒、熬煮等步骤制成的。石花菜是一种海藻哟。

▶ 乌鱼蛋汤

这里的特色乌鱼蛋是由金乌贼的缠卵腺加工而成的。用它做的汤，以前可是只有皇室才能享用的哟。

山东省烟台市——传说中的仙境

烟台北临黄海，这里有座蓬莱仙岛，传说是八仙过海的地方。

山东省青岛市——这里风光别样好

“红瓦绿树，碧海蓝天”是青岛的名片，自然美景和人文景观赋予了它独特的魅力。

▶ 石老人在等谁

在青岛的海岸边，有一座形如老人的石柱，人称“石老人”，造型好似坐在碧波中望着远方，传说他是在等待自己的女儿。2022 年 10 月 3 日，这座约 17 米高的海蚀柱的上半部分突然坍塌。可能是他的女儿已经回家了吧。

▲ 中国水准零点

中国唯一的水准零点在青岛，这里是中国真正的零海拔。

▼ 胶州湾跨海大桥

这座跨海大桥曾在 2011 年打破吉尼斯世界纪录，被认定为当时全球最长的桥梁。

◀ 中国“帆船之都”

青岛是中国帆船运动的发源地，也是 2008 年北京奥运会帆船比赛举办城市。帆船运动在青岛已有百年历史。

▶ 蓬莱小面

虽叫“小面”，但花费的功夫可不小。鲜美的加吉鱼，考究的配料，再加上鸡蛋和淀粉的嫩滑口感，真是美味至极。

▶ 清蒸牡蛎

乳山牡蛎又大又肥，味美且营养价值高。将牡蛎放在蒸锅中蒸 3 ~ 5 分钟，配上蘸料，就是一道美味佳肴。

答案：

石花菜凉粉：青岛

乌鱼蛋汤：日照

蓬莱小面：烟台

清蒸牡蛎：威海

江苏省南通市——在海边，在江边

南通位于中国东海岸与长江交汇处，东临黄海，南濒长江，是一座靠江又靠海的城市。

▲ 世界最大牡蛎滩

南通有座蛎岈山，是千万年来由牡蛎堆积而成的，现在它的表面还继续生长着肥美的活牡蛎。这可是近海处世界上面积最大的牡蛎滩呢！

► 世界紫菜大本营

江苏是全球条斑紫菜最大的产区，而南通是条斑紫菜的大本营。

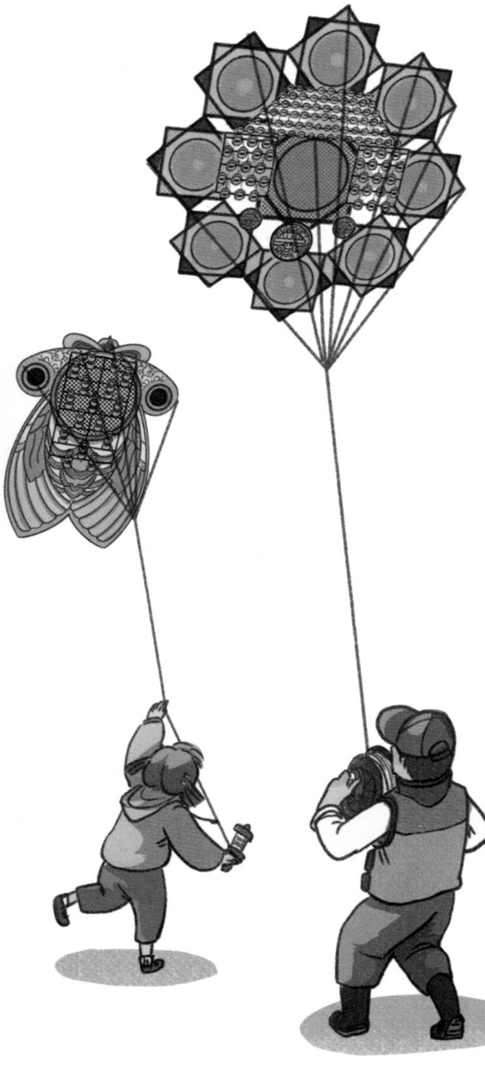

◄ 风筝也是好帮手

南通板鹞又叫哨口板鹞，它是一种风筝，放飞时能发出悦耳的哨声，因其造型像一块平板而得名。南通板鹞是渔民的好帮手。渔民出海前，可以放板鹞来预测高空风力的大小；在海上遇险时，放飞板鹞能增大获救概率。

以下是南通、丹东、盐城、连云港四个城市的特色美食，你能猜出它们分别来自哪个城市吗？

► 生炝条虾

生炝条虾是一道传统名菜。它是用生条虾加入调料腌制而成的。从明朝起，这里就开始流行吃生鲜了。

► 炒文蛤

这里的文蛤个头儿大、肉质肥硕，将处理好的文蛤放入锅中翻炒，撒上切好的葱花，即可出锅。

辽宁省丹东市——来泡个海水温泉吧

丹东地处辽宁省东部，南临黄海。你可以前往这里的北黄海温泉小镇体验珍稀的海水温泉。

江苏省盐城市——鸟儿来相会

中国黄（渤）海候鸟栖息地（第一期）被列入了《世界遗产名录》，第一期的范围就在黄海岸边的盐城市。每年冬天，全球近一半野生丹顶鹤会在这里过冬。

江苏省连云港市——“海上长城”在这里

连云港地处黄海之滨，是我国沿海的天然良港。这里有目前我国最长的一条拦海大堤，全长 6 700 米，被称为“神州第一堤”和“海上长城”。

婆饼

里，当地人将皮皮为“虾婆”。将虾与鸡蛋、面糊搅拌，两面金黄，就做成感鲜嫩的虾婆饼。

► 炒米叉子

米叉子其实就是玉米面条。在秋季，黄蚬子收获时，当地人喜欢用黄蚬子肉炒米叉子。

答案：
生炝条虾：盐城
炒文蛤：南通
虾婆饼：连云港
炒米叉子：丹东

与众不同的海岛

在黄海的碧波中，一座座岛屿仿佛调皮的海上精灵，悄悄地从水下探出头来，打量着这片海域。它们一边与海浪嬉戏，一边讲述着自己独特的故事。

田横岛

我决不投降！

田横岛位于山东省青岛市即墨区东北海中，相传西汉初齐王田横率部众五百士逃亡于此，因而得名。田横祭海节是中国北方规模最大的祭海节，是国家级非物质文化遗产。

▼ 祭海节

连岛

位于连云港市东北黄海中的连岛是江苏第一大岛，通过一条堤坝与陆地相连。明末将军苏子恒曾在这里牧马。岛上的汉代界域刻石堪称“国宝”。

▼“国宝”刻石

这块天然巨石上字迹清晰可辨，它是汉代新莽时期东海郡与琅邪郡界域刻石，至今已有 2 000 多年历史。

石城岛

人们称这里是“海岛小桂林”。

石城岛是石城列岛的主岛，位于长山群岛东端，属辽宁省大连市。岛上有 700 余米长的海上石林，它们形态各异，美不胜收。这里还栖息着珍稀鸟类黑脸琵鹭。

▼ 黑脸琵鹭

这里是我们的家。

小长山岛

黄海垂钓第一岛，非我莫属！

▼ 神秘的“天外来客”——陨石

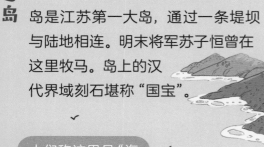

我已经有 2 万多岁了，咳咳！

小长山岛位于长山群岛中部，属辽宁省大连市。岛上人口较少，海上垂钓条件优越。来自天外的巨石陨落在此，至今已有 2 万多年。

灵山岛

灵山岛属山东省青岛市，是中国北方第一高岛。岛上有背来石，传说是东海龙王的女儿从龙宫背来的千年灵石。曾轰动一时的贝壳楼就建在这座岛上。

我可是从龙宫来的。

▶ 孤岛上的贝壳楼

历时 33 年，粘贴 100 多万只贝壳，贝壳楼原来是这样建成的！

长岛

长岛属山东省烟台市，地处黄渤海的分界处，扼渤海海峡。岛上风景优美，动植物资源丰富，名胜众多。

秦山岛位于江苏省连云港市。春夏之交，海雾迷蒙，看海市蜃楼来这里，看海蚀“神路”也可以来这里。

▼ 岛上有“神路”

绝无仅有的海蚀奇观“秦山神路”，随着潮水涨落时隐时现。
神路

芝罘岛

芝罘岛在山东省烟台市西北，是我国最大、最典型的陆连岛。传说，秦始皇曾三次登临芝罘岛。

这个岛我登上过三次。

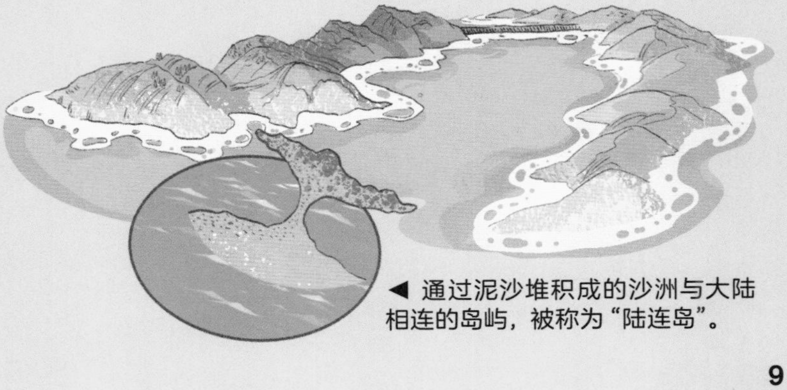

◀ 通过泥沙堆积成的沙洲与大陆相连的岛屿，被称为“陆连岛”。

海滩，我要扑向你

在黄海边分布着许多大大小小的沙滩，它们看似平平无奇，但如果你留心观察，就会发现有很多惊喜在等着你发现！

沙滩是怎么形成的

在海浪的撞击下，海岸边的部分岩石崩裂开来，落下一块块硕大的石块。经历风吹雨打和海浪不断冲刷后，大岩石裂成小岩石，之后变成碎石，最后散成细细的沙子。海浪冲刷海岸时，常常将沙粒、碎石等带到海边，它们便慢慢在海边铺开，形成了沙滩。

钻石沙滩闪亮亮

那香海钻石沙滩位于山东省威海市，其所在的海岸被评为“中国最美八大海岸”之一。沙滩上晶莹的沙粒在阳光下闪闪发光，因此享有“钻石沙滩”的美誉。海滨公路旁耸立的风力发电机慢悠悠地转着，转动出童话般的世界。

风从海上

这里可不是“风车王国
荷兰，而是位于山东省威海
的乳山银滩。悠然漫步于那
白无瑕、细腻柔软的沙滩之
微风轻柔地掠过耳畔，带着
的气息，海岸边错落有致的
车缓缓转动……简直就像是
影中的场景，带给你梦幻般
假日享受。

层层分明的海滩

大部分海滩是由淤泥、沙子以及砾石构成的。由于海浪的力量在海滩上逐渐减弱，因此颗粒大小不一的沙子或砾石呈现出了上粗下细的排列顺序。

亚洲第一滩

山东省青岛市金沙滩位黄海之滨，是我国沙质细、面积最大、风景最美的滩之一，被誉为“亚洲第一”。传说，有一只凤凰飞到波万顷的胶州湾时，乐不归，化身为今日的凤凰岛。绮丽的翅膀掠过的地域，成了沙质细腻、色泽如金金沙滩。

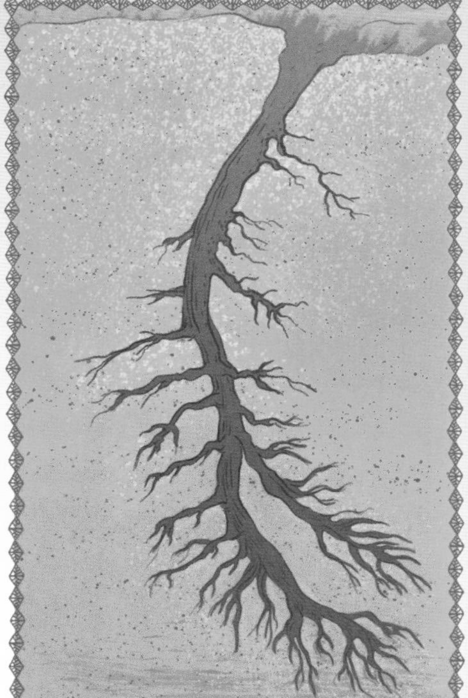

奇绝天下的条子泥

条子泥岸段位于江苏省盐城市。因条子泥海滩泥质地貌的特殊性，这里拥有世界上面积最大的辐射沙脊群。在潮涨潮落之间，形成了叶脉状的沙洲地形，而潮汐正是充满创意的扇面艺术家。

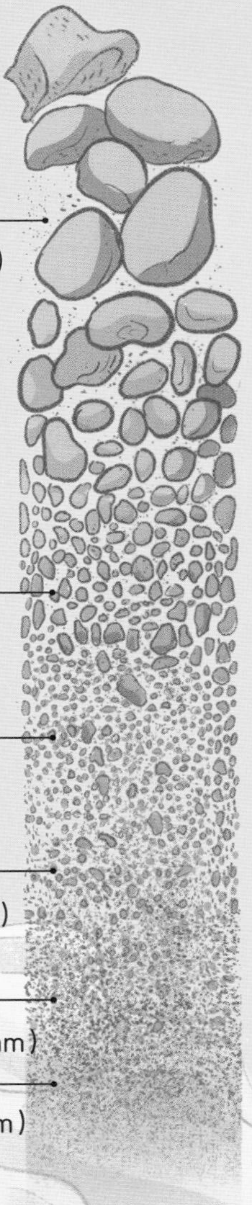

起起落落的潮汐

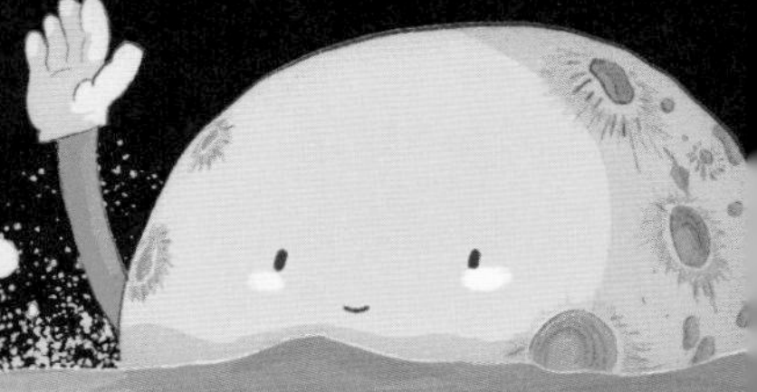

潮汐是一种有规律的海水涨落现象。在白天出现的海水涨落被称为“潮”，而在夜间出现的则被称为“汐”。一般来说，每天海水会涨落两次。现在，让我们一起深入了解一下潮汐吧！

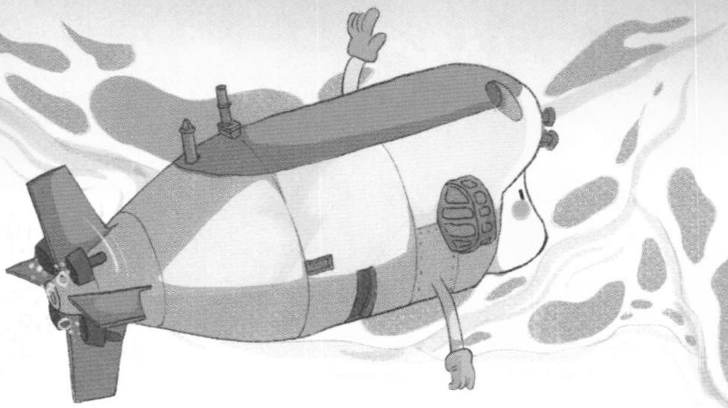

来自月亮的礼物

潮汐可以说是月球送给地球的重要礼物。潮汐是如何形成的呢？

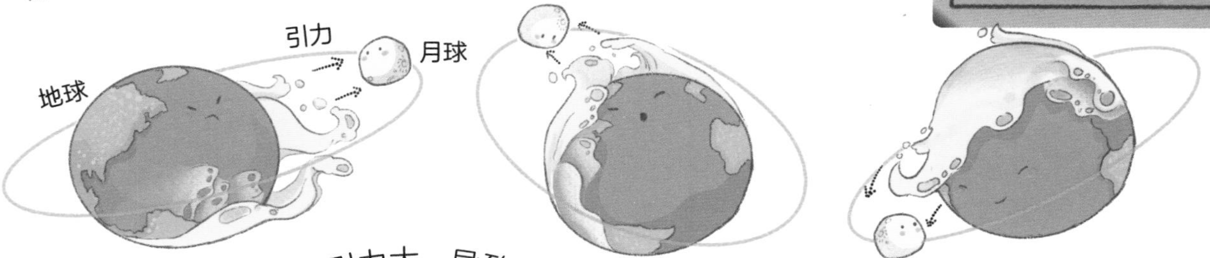

正对月球的地方受到的引力大，导致海水向外膨胀，出现涨潮。

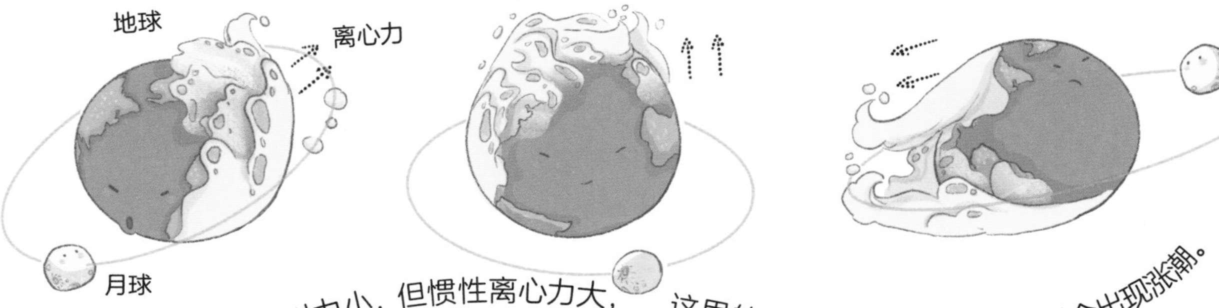

背对月球的地方受到的引力小，但惯性离心力大，这里的海水也会向外膨胀，同样会出现涨潮。

由于地球在自转，因此地球表面的海水也会跟着转动，转到背对月球或正对月球的地方就会涨潮，从而引起海水的起起落落。

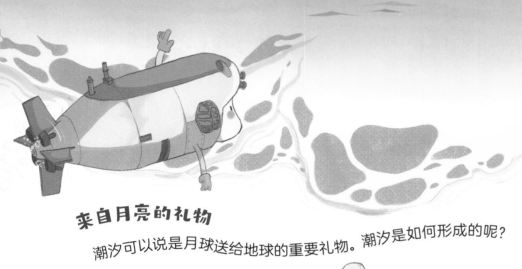

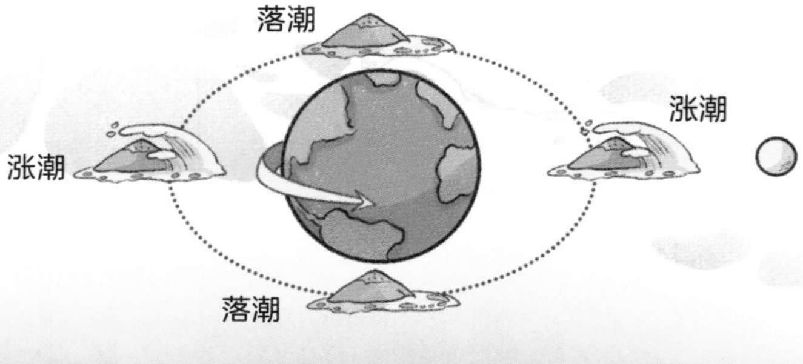

你赶过海吗？

赶海一般选择在大潮的时候最好，因为海水退得又远又快，行动迟缓的贝类很容易就搁浅在沙滩上了。

去海边踏浪赶海可是夏天的必选项，不过要想满载而归，可要先算好日子哟！

农历初一

农历十五

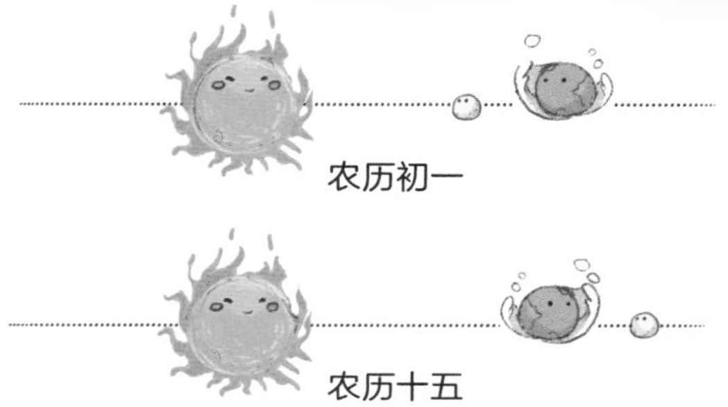

农历每月初一或十五前后，地球和月亮、太阳几近在同一条直线上，日月引潮力合力使海水涨落的幅度最大，叫大潮。

每个地方潮汐涨落时间不同，所以赶海之前一定要先查一下当地的潮汐时间表。

海水的涨落，对紫菜很重要

你知道吗？潮间带（海水涨起淹没、退去露出的地带）是适合紫菜生长的好地方。

当潮水涨起，紫菜就会没入海水中，吸收养分；当潮水落去，紫菜又会露出，进行光合作用维持生长。

适宜紫菜养殖的海域需具备理想的潮汐条件，最好在退潮时能够让紫菜暴露在空气中 2.5～4.5 小时，便于进行光合作用。

养殖紫菜的网帘

走，赶海去！

地月引力使得海洋形成潮汐，海岸在涨潮时被海水淹没，在落潮时就露出了水面。海岸边生活着许多生物，它们往往具有适应水、陆两地生活的能力。

白额鹱
这片海是我们赶路时重要的食物补给地。
涨潮时，海水卷着海中的小生命冲上岸边；落潮时，它们中就有一些被遗留在岸上。
这些可爱的小生命吸引着人们前去赶海。
黄海地区潮间带的主要类型
岩相潮间带（悬崖峭壁）
沙砾潮间带（沙滩）
淤泥潮间带（滩涂）
海葵
丛生鳗草
红纤维虾形草
馆锉石鳖
水泡蛾螺
耳梯螺
彩虹明樱蛤
薄壳绿螂
异须沙蚕
丝异须虫

奇妙的海洋居民

现在，让我们潜入海中，去认识一下住在黄海里的奇妙的海洋居民吧！

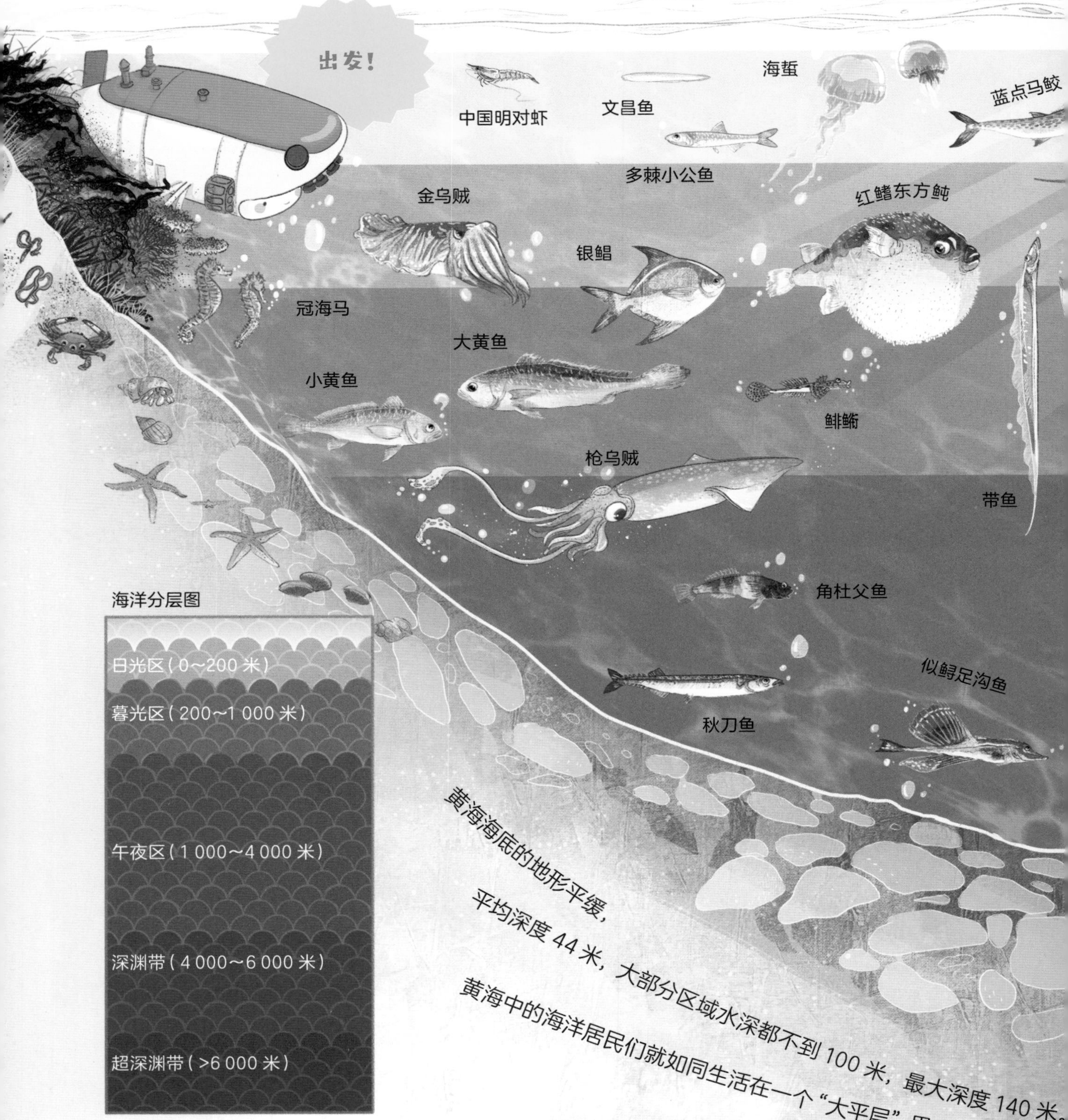

黄海海底的地形平缓，
平均深度 44 米，大部分区域水深都不到 100 米，最大深度 140 米。
黄海中的海洋居民们就如同生活在一个“大平层”里。

黄海全部为日光区。这里阳光充足，热闹非凡。

浮游植物、海藻、海草可以在此进行光合作用。

由于日光区食物充足，因此大多数海洋动物也会在这一层捕食。

“海中猛虎”——虎鲸

近年来，黄海曾多次出现虎鲸。它们长着两个大“白眼圈”，看起来还挺可爱。但实际上它们可是战斗力超强的狠角色，大白鲨见了都得绕着走！

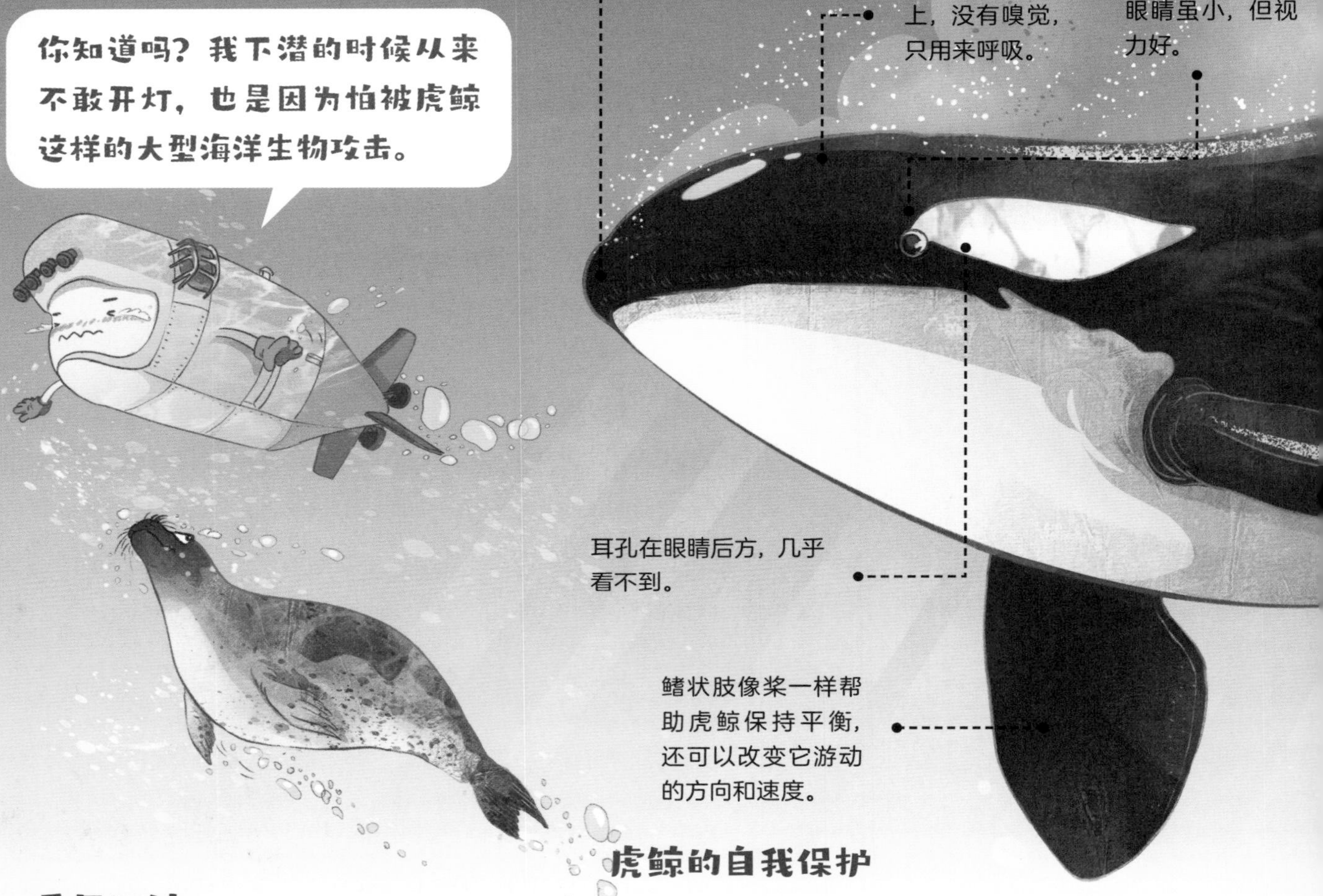

嘴巴很大，能把一只海豹整个儿吞下。
鼻孔长在头顶上，没有嗅觉，只用来呼吸。
眼睛虽小，但视力好。
你知道吗？我下潜的时候从来不敢开灯，也是因为怕被虎鲸这样的大型海洋生物攻击。
耳孔在眼睛后方，几乎看不到。
鳍状肢像桨一样帮助虎鲸保持平衡，还可以改变它游动的方向和速度。

虎鲸的自我保护

虎鲸喜欢生活在较冷的水域，黄海北部海域也是它们经常遛弯儿的地方。你们看，虎鲸的黑白礼服帅不帅？其实这是它们的一种保护色。从下往上看，虎鲸白色的肚皮可以和海面上的光线相混淆；而从上往下看，黑色的背部又可以帮助它们隐藏在大海暗淡的背景中。

看尾识鲸

只看尾巴，你能分辨出这是什么鲸吗？如果你有机会去海上观鲸，这项本领可是必不可少的呢！因为鲸总是藏在水中，只偶尔露出尾巴或背鳍。

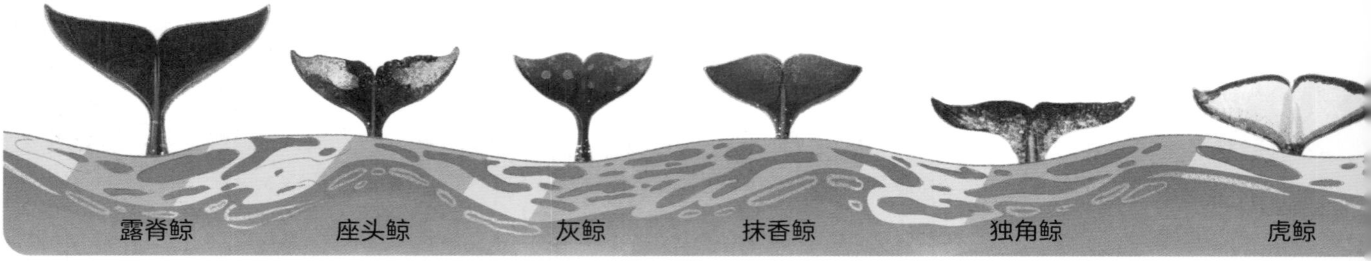

尾鳍可上下摆动，提供前进的动力。在吃掉猎物之前，虎鲸有时会用尾巴将其打晕。
三角形的大背鳍既是控制方向的舵，也是进攻的武器。
每头虎鲸背上的马鞍形斑纹都是独一无二的。

利用回声找食物

虽然视力还不错，但虎鲸主要利用回声定位寻找食物。

我这里有个额隆，可以将超声波集中向一个方向发射。
额隆
大脑
虎鲸的大脑接收到信息，就知道鱼群在哪儿啦！
嗖——
嗖——
声波在水中传播，撞到物体时就会反弹。

美丽的鲸歌

虎鲸是鲸类中的“语言大师”，能发出多种不同的声音。

虎鲸的其他鲸类伙伴也能用多种声音交流，听起来好像在唱歌。有位声学工程师曾利用一项特殊技术将它们的歌声变成了美丽的图案。

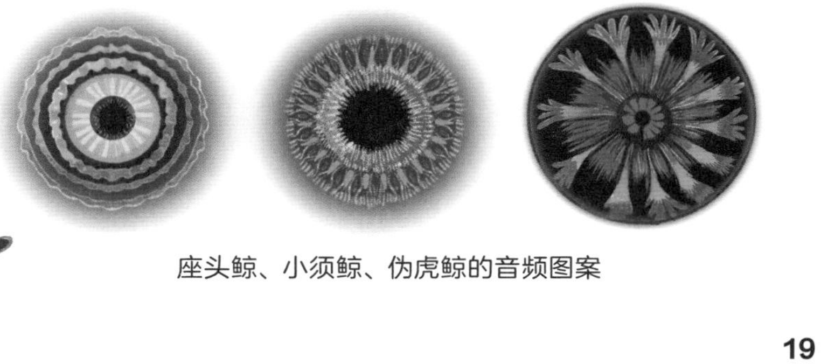

座头鲸、小须鲸、伪虎鲸的音频图案

会游泳的“马”——海马

黄海里住着海马，海马可不是海里的马，它因长了一张“马脸”而得名。海马是货真价实的鱼！它用鳃呼吸，扇动背鳍在水中游动。

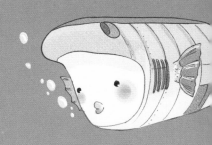

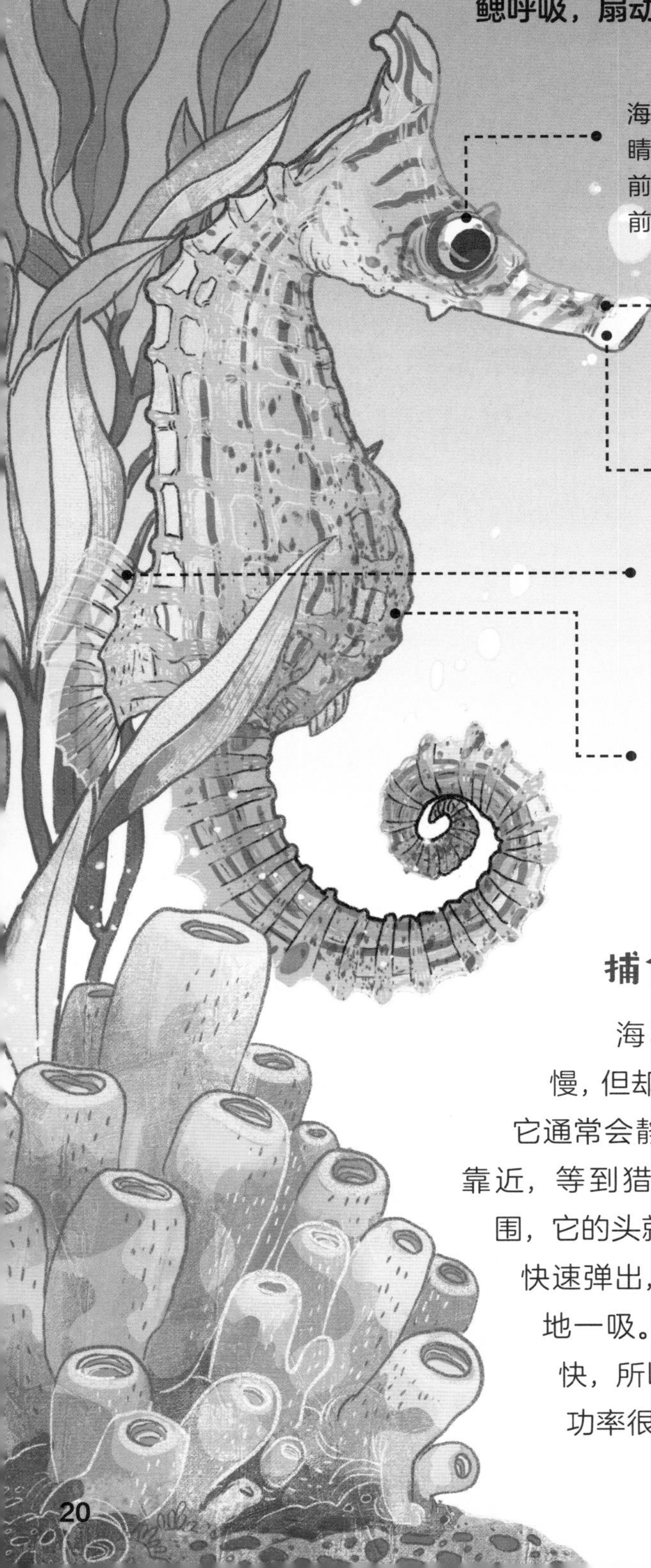

海马的眼睛可灵活了! 两只眼睛可以各自单独上下、左右或前后转动，比如，一只眼睛向前看，另一只眼睛可以向后看。
海马共有 4 个鼻孔，头每侧各 2 个。
尖尖的管状嘴巴不能张合，只能吸进食物。
背鳍是海马自由活动的小马达。
雄海马尾部腹侧有孵卵囊，雌海马把卵产在这里，卵子和精子结合形成受精卵,受精卵在囊内发育，并进行孵化，一年可繁殖多代。

捕食高手

海马虽然行动缓慢，但却是个捕食高手。它通常会静静地等着猎物靠近，等到猎物进入攻击范围，它的头就会像弹簧一样快速弹出，然后用嘴巴猛地一吸。因为速度非常快，所以海马的捕食成功率很高。

捉迷藏，我擅长！

海马不擅长游泳，而且防御能力有限，因此伪装躲藏是它们遇到天敌时的第一选择。它们可以根据环境变换颜色，看起来就像消失了一样。

海马和它的亲戚

海马与尖海龙、叶海龙是亲戚，都属于海龙科。来看看它们有什么区别吧！

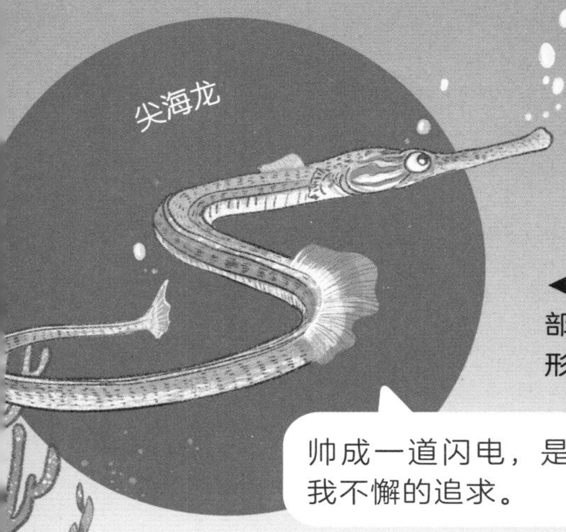

尖海龙
帅成一道闪电，是我不懈的追求。

◀ 尖海龙身体细长，躯干部分呈七棱形，尾巴呈四棱形，远看像不像一条鞭子？

◀ 叶海龙的身体上长着许多像海藻叶的半透明附肢，所以它又称藻龙。

▶ 海马的尾巴可以“抓住”珊瑚或海草等物体，以免被海水冲走。海马和人一样属于脊椎动物，都有脊柱。

海中伪装者——海蛞蝓

在浅海的海底，栖息着一种神奇的生物，看起来就像没有壳的蜗牛。它们的名字也怪怪的，叫海蛞蝓。让我们一起来看一看黄海里常见的海蛞蝓吧。

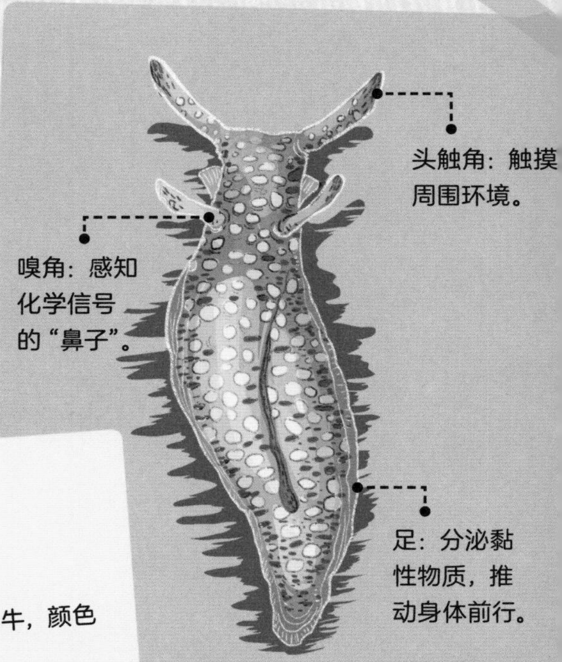

头触角：触摸周围环境。
嗅角：感知化学信号的“鼻子”。
足：分泌黏性物质，推动身体前行。

▲ 海蛞蝓

海蛞蝓小巧又可爱，
快随我去瞧瞧！

我的简历

姓名：海蛞蝓

性别：雌雄同体

外观：身体柔软像蜗牛，颜色鲜艳

行动力：动作缓慢（我的脚也不是脚，叫“腹足”。移动时，我像毛毛虫一样蠕动前进）

居住地：靠近海岸的沙床上

特长：遇到危险时，我会利用伪装或释放有毒液体，然后趁乱逃走！

为什么海蛞蝓没有壳？

为了适应大海中的生存环境，海蛞蝓的外壳已经退化。小小的嗅角可以侦测水中的化学物质，帮它们找到食物以及伙伴。

这位朋友，请和我保持距离。
坚硬外壳虽消失，有毒液体保护我！
迷惑敌人、麻痹敌人，趁机逃跑！

各种各样的海蛞蝓

全世界有三千多种海蛞蝓，它们形态、颜色各异，与其他海洋动植物一起组成了缤纷美丽的海底世界。

▲ 海牛
你潜水的时候最常看见的就是它！
► 纤细盔栓鳃
穿了纱裙的家伙。
海中舞娘，起舞翩翩！
◄ 赤蓑海牛
特长是收集食物海葵中的刺细胞用于防御。
◄ 枝鳃
身上仿佛背了好多树枝，可以伪装成海葵触手。
看，我身上的颜色，是不是能让我和海沙融为一体，这样就很难发现我了！
► 青岛半侧皮片鳃
扁扁的，趴在海底，不易被发现，很安全。
► 被鞘鳃
长了一身长颈鹿同款斑纹。
◄ 绵羊海兔
它是异鳃类里的明星！
叶片一般的鳃，可以呼吸。看到我的眼睛了吗？就是前面两颗小黑点儿！
色彩，也是一种警告……
▲ 草莓叉棘海牛
草莓见了直呼“太像我了”！
▲ 娇美突翼鳃
娇弱、柔美，海底也流行纤细身材？
▼ 中华片鳃
中国独有，别无分号！
哧溜哧溜！柔软，光滑，我低调而独特，中国特有！
◄ 白边侧足海天牛
它和这一页上其他海蛞蝓不一样，它的家在南海。它之所以这样绿，是因为它能够进行光合作用。

海鸟飞来黄海边

黄海边生活着许多可爱的鸟。它们三五成群，或翩翩起舞，或自由翱翔，或悠然觅食，为这片美丽的海增添了无尽的生机与活力。

下海是我的强项，上天是我的梦想。虽然我不会飞，但我有一群擅长飞行的好朋友！

白额鹱

这种鸟体形较大，全身灰褐色与白色相间，喙细长。它们是飞行小能手，游泳能力也很强，常贴近海面疾飞，一旦发现食物，就立即潜入水中捕食。

我的嘴巴尖又长，末端带钩，是捕鱼的好工具！
我的管状鼻会让你对我过目不忘。
我趾间有
所以我
也不错呢

扁嘴海雀

它们很喜欢吃小鱼等食物，在黄海的无人岛屿上繁殖，大公岛和前三岛（平山岛、达山岛、车牛山岛）都是它们的快乐家园。

黑白相间的羽毛，圆润粗短的身材，有人说我们是中国海边的“小企鹅”。
我很擅长潜水，可以靠翅膀在水下游动觅食。

黑尾鸥

黑尾鸥喜欢在退潮后的滩涂上玩耍，它们会和朋友们一起建造巢穴，一起寻找美味的食物。它们最喜欢吃的就是水面上层的各种小鱼。

山东省荣成市是我们在中国的家乡，每年春天我们都会飞来这里生宝宝。

噘嘴真不是我任性，而是捕食的需要。
睡觉的时候我喜欢用一只脚站立。不用担心，“金鸡独立”是我的绝活儿。
我身穿一身俏皮帅气的“熊猫装”，堪称鸟界“时尚达人”！

反嘴鹬

这可是一种非常有趣的鸟！它们的嘴巴向上翘起，那长长的、上翘的嘴巴，在浅水中左右扫掠几下就能捉到水中的小动物，比如蠕虫、水生昆虫和甲壳动物等。在黄海沿岸的湿地里，你经常可以看到它们快乐的身影。

暗绿背鸬鹚

它们的背、肩和翅膀都闪烁着暗绿色金属光泽，看起来很酷！它们常常成群结队地栖息在水边的岩石上，或在水里捕食各种小鱼。在黄海沿岸的烟台市、青岛市等地方常常可以看到它们。

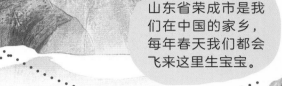

筑巢就要筑间“海景房”，海边的悬崖峭壁是我的首选。
换上闪亮的暗绿色礼服，戴上白色小丝巾，为了寻找伴侣，我真是煞费苦心。

我喜欢在芦苇上轻舞，极少落地，这多亏了我灵活的小爪子。
头圆、嘴厚、没脖子，如果偶遇，你能认出我吗？
威武霸气的名字透露了我们的“江湖地位”，由于数量稀少，人们说我们是“鸟中大熊猫”。

震旦鸦雀

它们喜欢和很多朋友一起活动，在芦苇上找昆虫吃。如果你去黄海沿岸的芦苇地里玩，说不定就能遇见它们呢！

裸露的朱红色头顶，好像一顶小红帽，丹顶鹤因此而得名。
长长的喙可以帮助丹顶鹤轻松地从水中捕捉鱼虾等食物。
全身羽毛大多为白色，喉部、颈部及翅膀末端为黑色。当翅膀覆盖在尾巴上时，常让人误以为尾部也是黑色的。
细长的腿可以防止丹顶鹤陷入泥中，同时也是帮它了解泥水深浅的探测器。
每只脚有四个脚趾，三趾向前，一趾向后，适合在沼泽地或浅滩中行走。

黄海沿岸的“舞蹈家”

看到它头上的“小红帽”，想必很多人就已经认出它了。对，它就是丹顶鹤！但是，你对它真的了解吗？让我们来一场“亲密度大测试”吧！

判断一下吧。

1. 它是《松鹤延年图》中的仙鹤。（　）

2. 它是最长寿的鸟类。（　）

3. 每年冬天，它都会到黄海沿岸的盐城湿地越冬。（　）

答案：1.√ 2.× 3.√

丹顶鹤是出类拔萃的“鸟类舞蹈家”。它们展开宽大的翅膀，细长的双腿轻盈地跳跃，身体和头部随之上下摆动，加上头顶如宝石般的一抹红色，真是美妙极了！这优美的舞蹈不仅仅是嬉戏娱乐，也是它们求偶示爱的方式，雌雄配对后即结为终身伴侣。

4 月初，丹顶鹤在北方繁殖。刚出生的小丹顶鹤有点儿像小鸭子，长着棕色的羽毛，头顶也没有那一抹朱红色。等 3 个月后，它们就能和爸爸妈妈一样漂亮了。

9 月末到 10 月初，小丹顶鹤跟随爸爸妈妈离开繁殖地，南迁来到黄海沿岸的盐城湿地自然保护区。这里高高的芦苇挺立于水面，为它们休养生息提供了隐蔽的空间。

小鱼、小虾穿梭于水波中，不仅为丹顶鹤提供了充足的食物，也为自然保护区增添了勃勃生机。

到了来年的 2 月底至 3 月上旬，小丹顶鹤和爸爸妈妈就会离开越冬地，一般用 1 ~ 2 周的时间返回繁殖地。

江苏盐城湿地珍禽国家级自然保护区因丹顶鹤而享誉全球。每年，结伴来此越冬的丹顶鹤达千余只，占世界野生种群的一半左右。

在保护区内，它们会愉快地度过长达 140 天左右的越冬期。因此，这里有“丹顶鹤第二故乡”之美誉。

热热闹闹的湿地

黄海岸边的盐城湿地是我国面积最大的滩涂湿地之一。这里是野生动物的家园，到了初冬，候鸟在这里相聚，那可真是热闹非凡！

这里是我们丹顶鹤全球最大的越冬地！

丹顶鹤

黑脸琵鹭

青头潜鸭

小青脚鹬

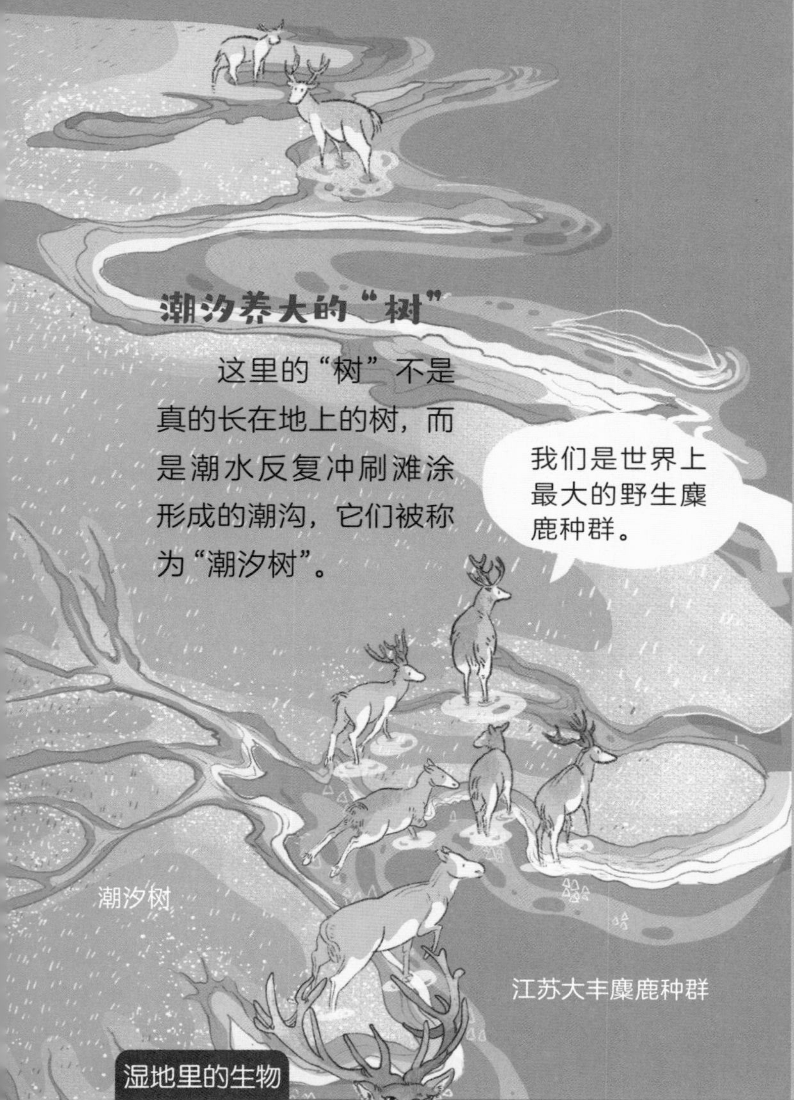

潮汐养大的"树"

这里的"树"不是真的长在地上的树，而是潮水反复冲刷滩涂形成的潮沟，它们被称为"潮汐树"。

我们是世界上最大的野生麋鹿种群。

潮汐树

江苏大丰麋鹿种群

秋季迁徙时，我们会路过这里。不过我们胆子很小，稍有风吹草动就会飞走。

鸟类天堂

除丹顶鹤外，鸿雁、勺嘴鹬、小青脚鹬、灰鹤、豆雁、黑嘴鸥、震旦鸦雀等超过170种鸟儿也会出现在这里。它们有的在这里繁殖后代，有的在这里度过寒冷的冬天，还有的只是在这里歇一歇，然后继续往更温暖的地方迁徙

湿地里的生物

麋鹿

獐

白尾海雕

丹顶鹤

灰

是固滩小能手，也是入侵物种

互花米草茎秆高度可达0.5～3米，根系发达，能抵抗风浪，固定沉积物。

互花米草繁殖能力强，生长速度快，对环境的适应性和耐受能力强，但植株致密，易使栖息地形成泥滩，破坏栖息环境，不利于一些候鸟重要食物的生存。这样一来，其他物种几乎无立足之地，互花米草成了让人头疼的入侵物种。

我找不见美味的小虫子啦！
互花米草太密，我快活不下去了！
沙虫
毛虾

互花米草还有哪些特殊之处?

盐腺能排出过量的盐分。

有着发达的通气组织为根部供氧。

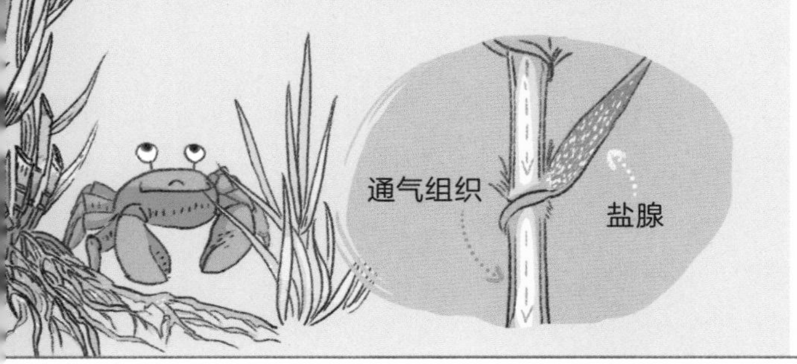

水质净化器

当污水流经湿地时，水流会变得缓慢，有害的物质便会慢慢沉积下来。一些湿地植物可以有效地吸收有毒物质，难怪湿地被称为“地球之肾”！

盐城湿地是我国第一个滨海湿地类型的世界自然遗产。

湿地的本领可大着呢，它可以维护生物多样性、改善气候、涵养水源、控制海岸侵蚀、降解污染物等。

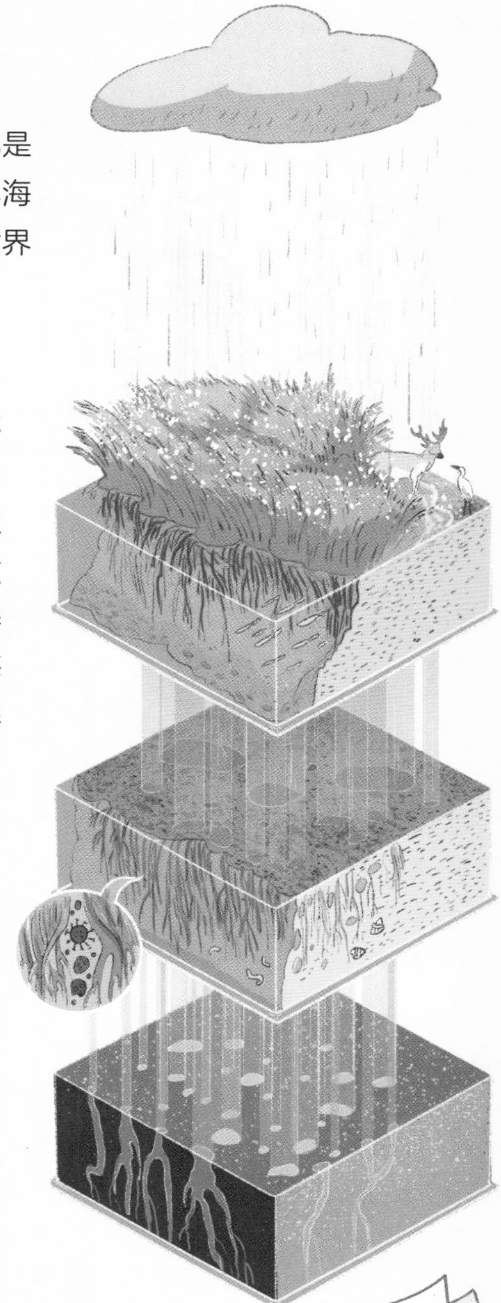

大洋食物网

“大鱼吃小鱼，小鱼吃虾米。”其实，在广袤深邃的海洋中，生物正是通过这种“吃”与“被吃”的关系紧密联系在一起的。

这次，我们要跟着蛟龙号走出黄海，去各个大洋逛逛喽！

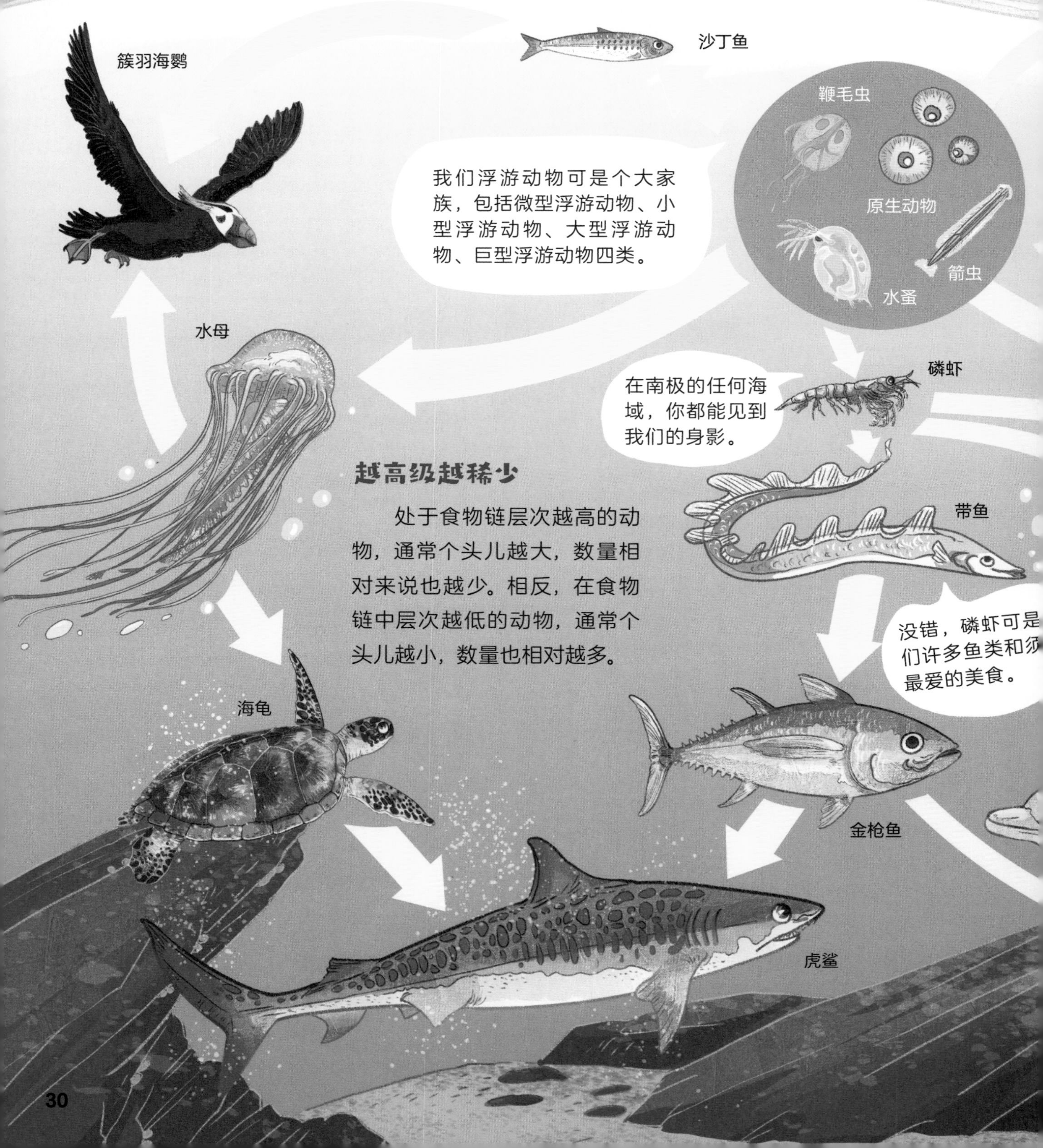

簇羽海鹦
沙丁鱼
鞭毛虫
原生动物
水蚤
箭虫
我们浮游动物可是个大家族，包括微型浮游动物、小型浮游动物、大型浮游动物、巨型浮游动物四类。
水母
磷虾
在南极的任何海域，你都能见到我们的身影。
带鱼
没错，磷虾可是们许多鱼类和须最爱的美食。
海龟
金枪鱼
虎鲨

越高级越稀少

处于食物链层次越高的动物，通常个头儿越大，数量相对来说也越少。相反，在食物链中层次越低的动物，通常个头儿越小，数量也相对越多。

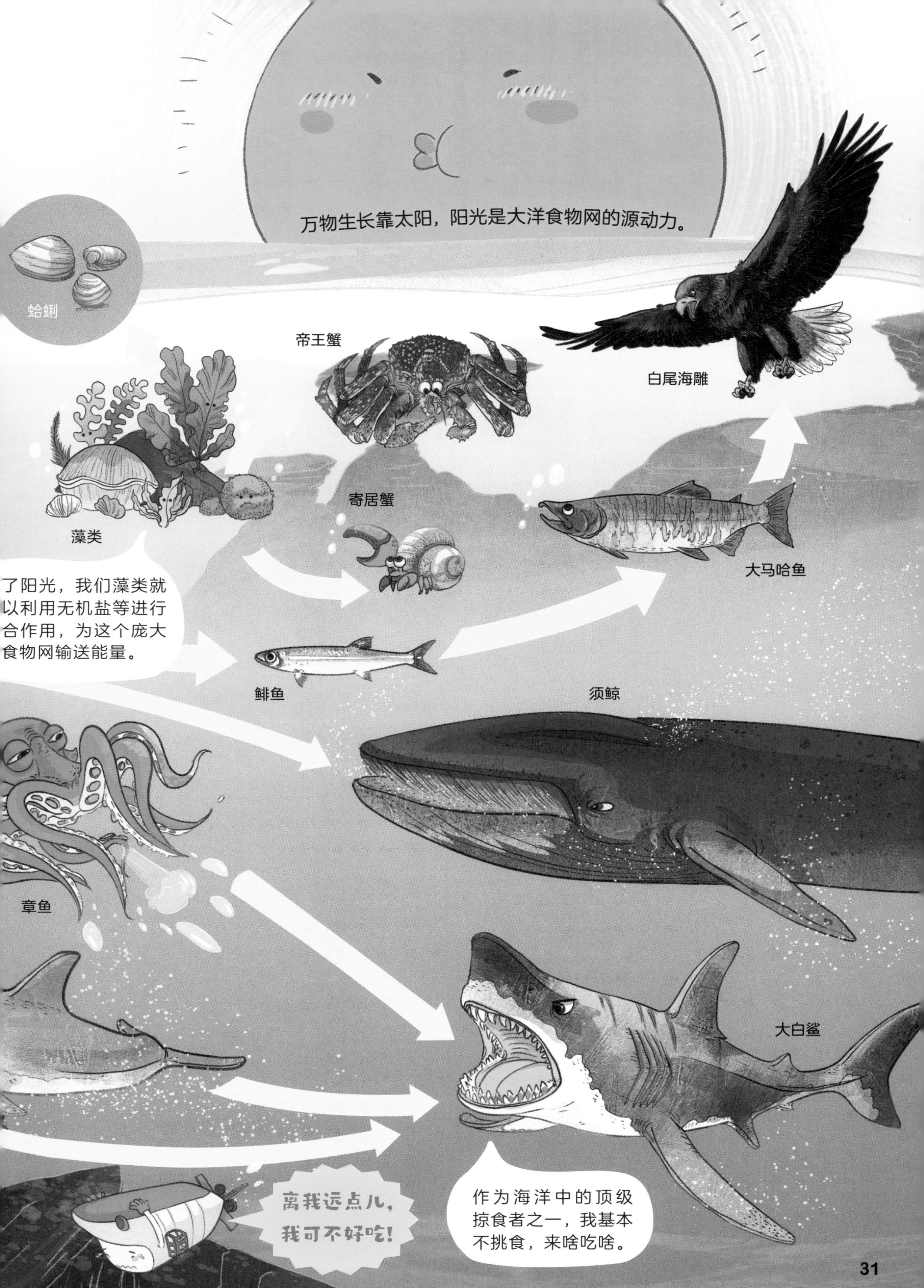
万物生长靠太阳，阳光是大洋食物网的源动力。
蛤蜊
帝王蟹
白尾海雕
藻类
寄居蟹
大马哈鱼
了阳光，我们藻类就
以利用无机盐等进行
合作用，为这个庞大
食物网输送能量。
鲱鱼
须鲸
章鱼
大白鲨
离我远点儿，我可不好吃！
作为海洋中的顶级
掠食者之一，我基本
不挑食，来啥吃啥。

在黄海里“种海鲜”

你没看错，海鲜真的是可以“种”出来的！在黄海深处，就藏着这么一支“联合养殖舰队”。有了它们，实现“海鲜自由”不是梦！

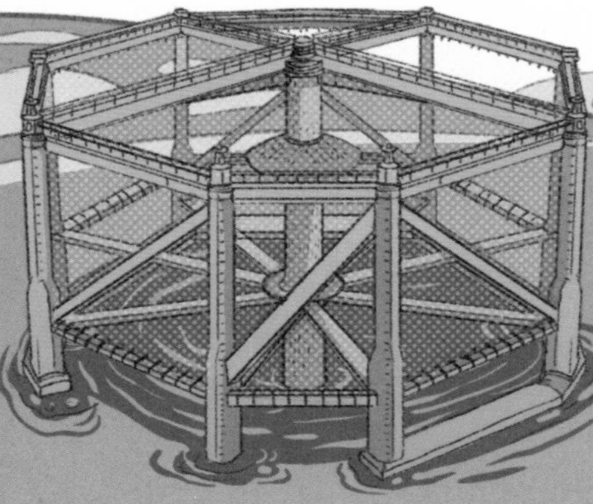

深蓝 1 号

深蓝 1 号是我国自己造的第一个全潜式深海养殖网箱。这个网箱超级大，差不多有 40 个标准游泳池那么大。最厉害的是，它一次能养 30 万条三文鱼。

深蓝 1 号配有大浮筒，通过调节浮筒的水位，网箱就可以在水里上下移动。当水温上升时，网箱就会下沉到冷水团，那里的海水温度在 15～18℃，特别适合三文鱼生长。

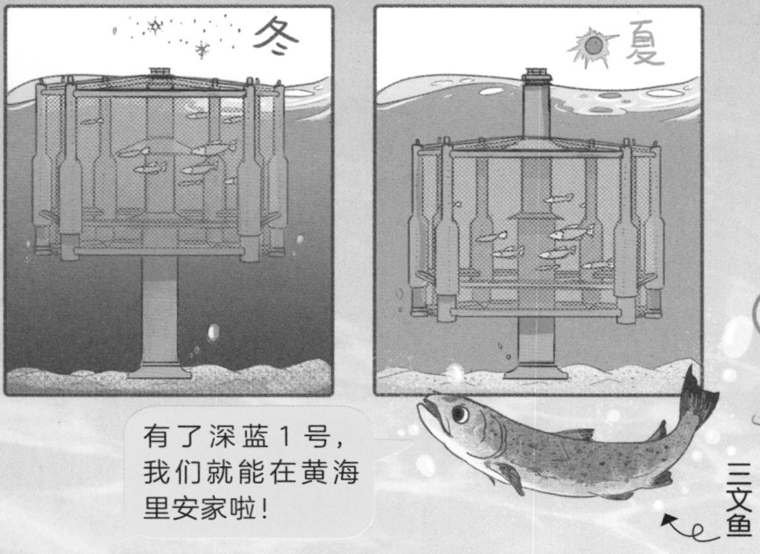

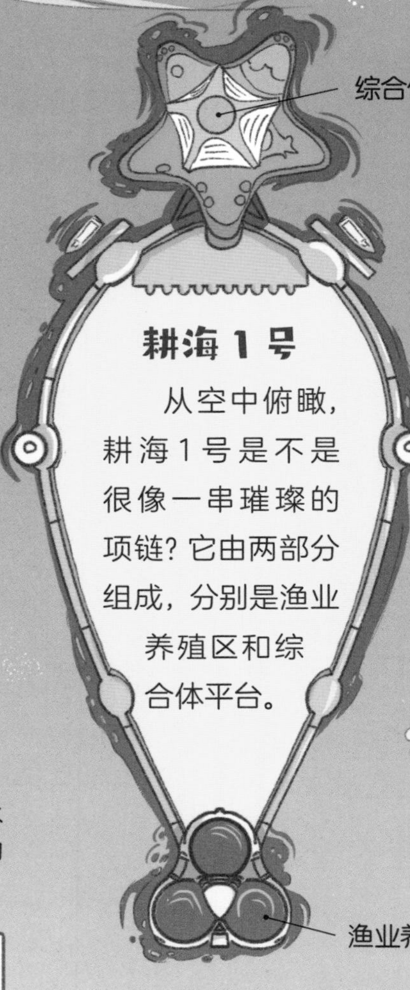

耕海 1 号

从空中俯瞰，耕海 1 号是不是很像一串璀璨的项链？它由两部分组成，分别是渔业养殖区和综合体平台。

这是耕海 1 号的三根“定海神针”，它们插入在指定的深度，使耕海 1 号最高可以抵抗 14 级风力。

▲ 渔业养殖区

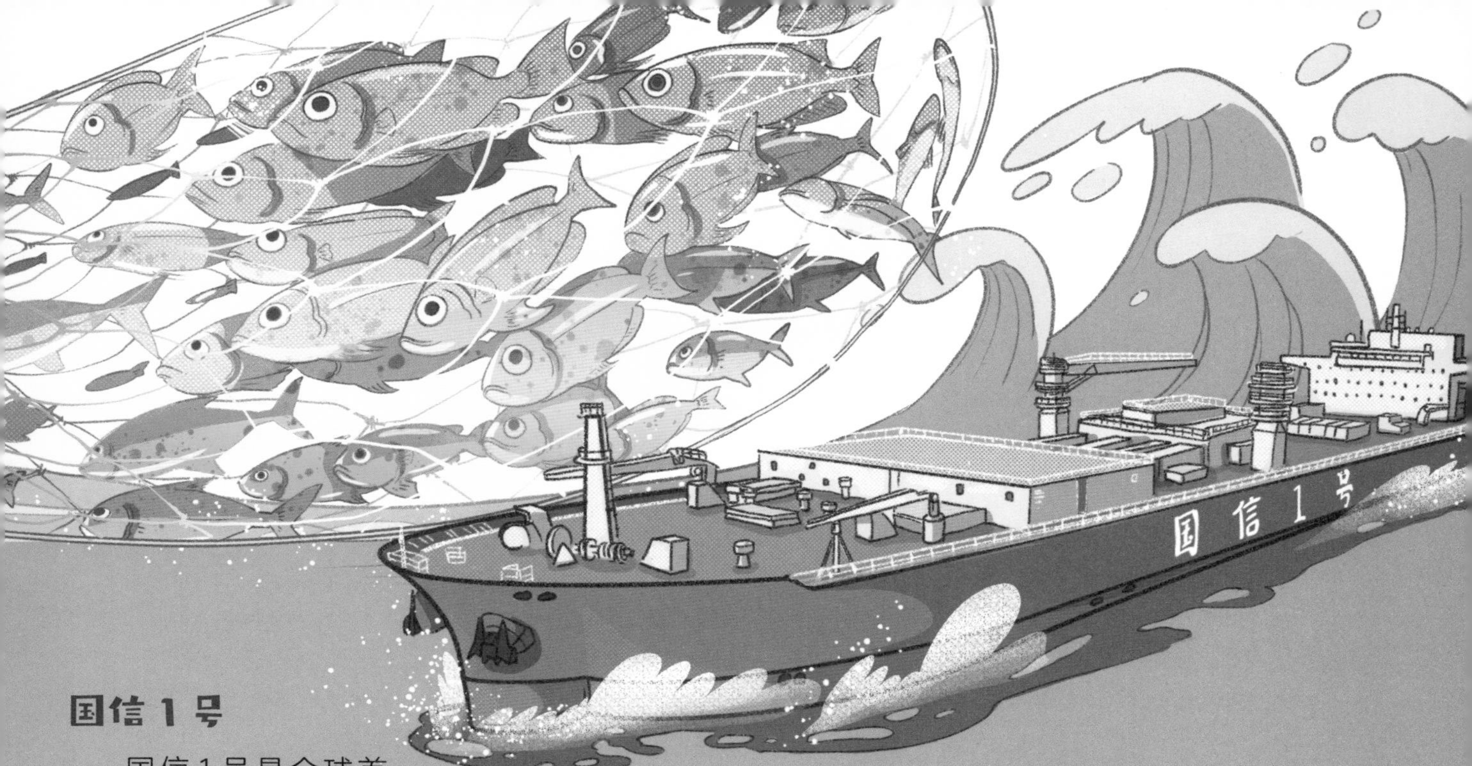

▲ 开到哪儿，哪儿就是渔场

国信 1 号

国信 1 号是全球首艘 10 万吨级大型养殖工船，它可以 24 小时不停地为养殖舱换水，还原大黄鱼自然的生存环境。

大黄鱼本来是东海特有的野生鱼种，现在成了国信 1 号的“座上宾”。夏季，国信 1 号会从南往北开，找一个水温稳定在 22～24℃的水域；冬季，就再从北往南开寻找合适的水域。

长鲸 1 号

长鲸 1 号是国内第一个深水智能化的坐底式网箱，每年能产 1 000 吨鱼！它还有一个超级厉害的功能，可以通过大数据技术，实时告诉我们海洋的水文信息和监测数据。

全自动化操作，只需四个人就能完成所有工作。

海上有牧场[1]

海上不仅可以“种”海鲜，还可以“放牧”。草原有牧场，牛羊美名扬。海上也有牧场，鱼虾贝藻来放养。

海上有一个个小型的人工渔场，不仅是黄海，我国每处海区都根据当地海洋的地理环境、天然资源，设置了不同养殖区域。海洋牧场能养鱼，还能保护和增殖渔业资源。

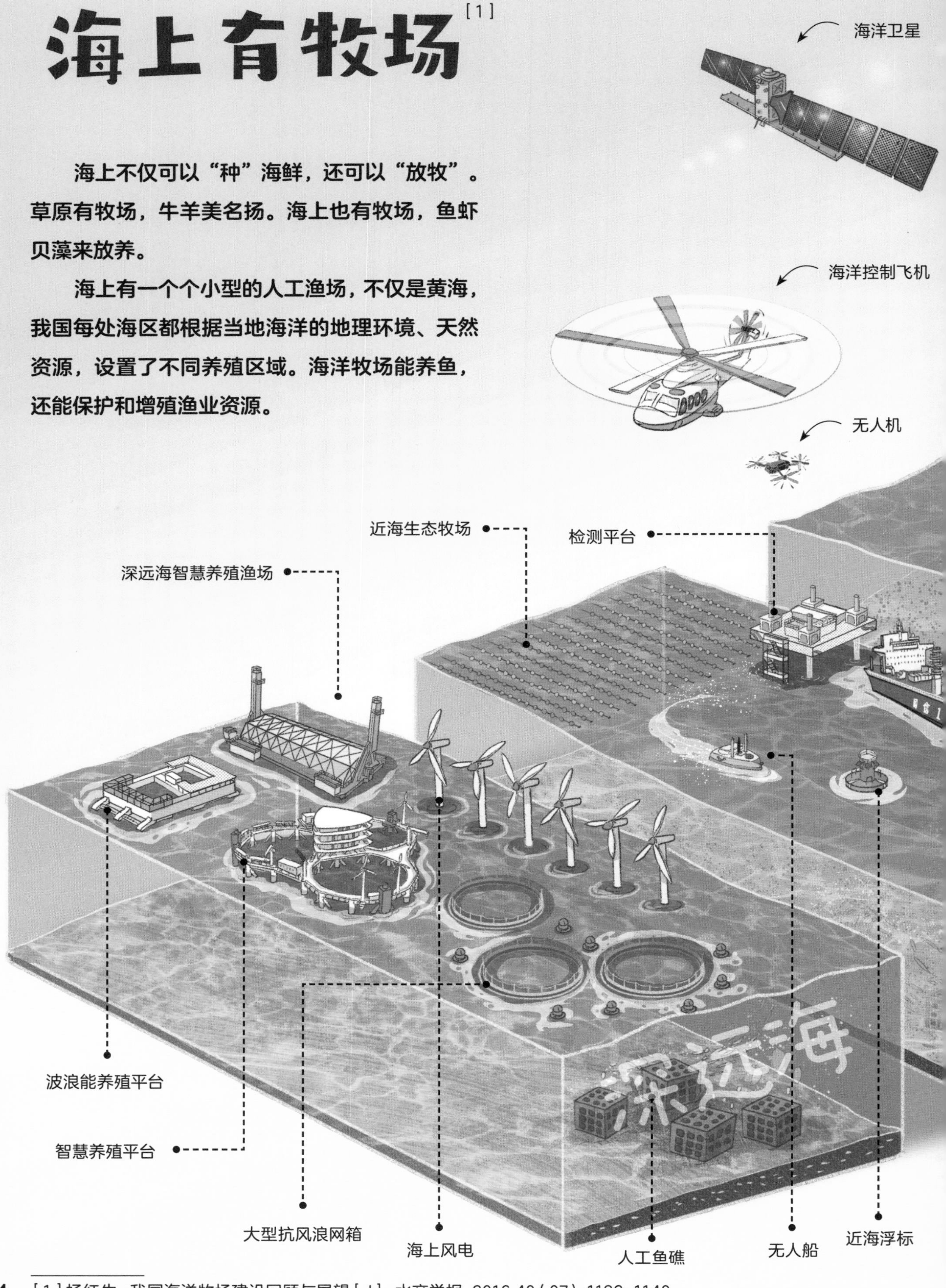

[1] 杨红生 . 我国海洋牧场建设回顾与展望 [J] . 水产学报 ,2016,40 (07) :1133-1140.

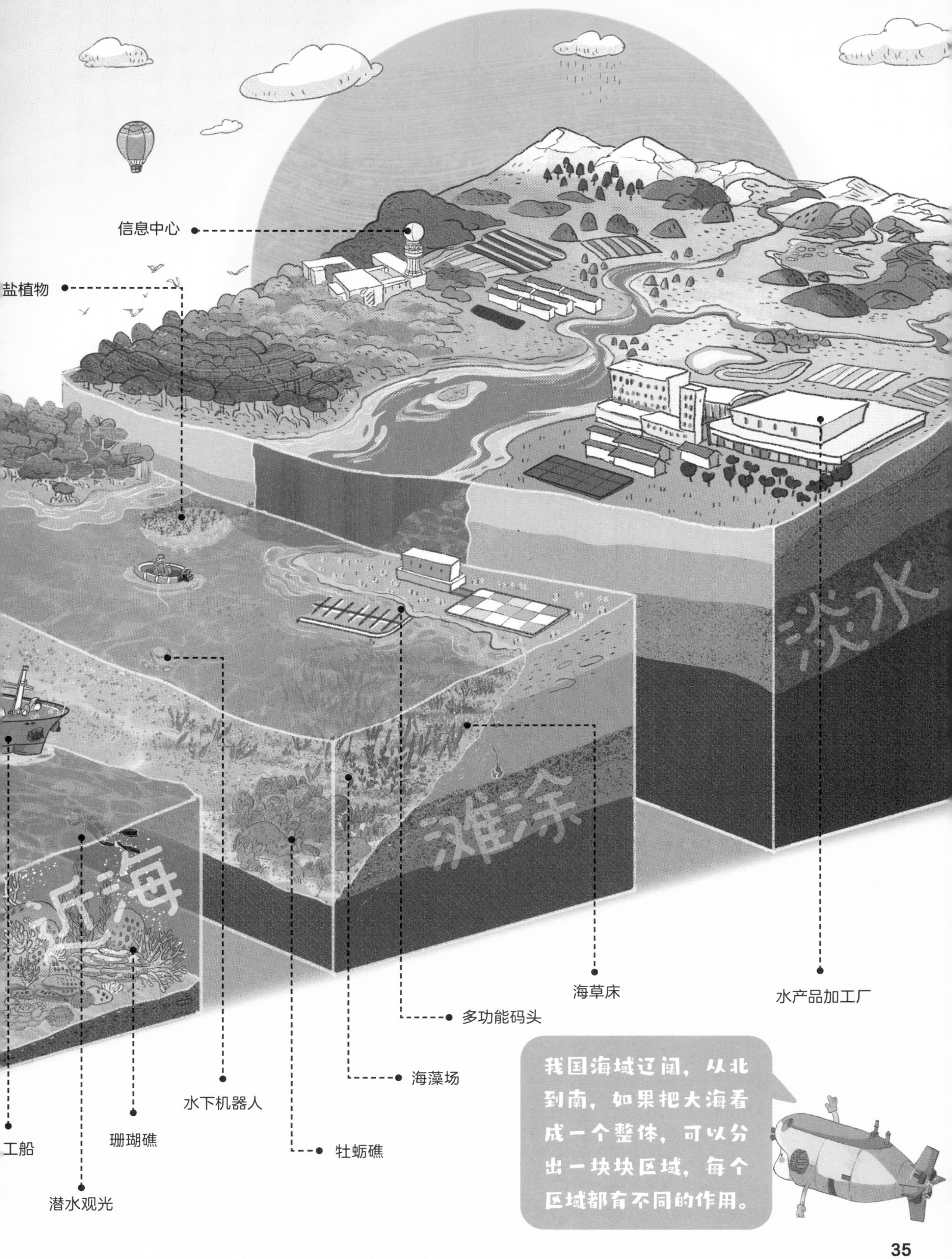
信息中心
盐植物
淡水
滩涂
近海
海草床
水产品加工厂
多功能码头
海藻场
水下机器人
珊瑚礁
牡蛎礁
工船
潜水观光
我国海域辽阔，从北到南，如果把大海看成一个整体，可以分出一块块区域，每个区域都有不同的作用。

出发，科考船！

探索海洋离不开科考船。我国科考船的数量和性能都属于世界第一梯队。快来看看我国的科考船有多牛吧！

这就是我在大海上的家！

向阳红 09 号

这是我国自己设计、建造的第一艘 4 500 吨级的远洋科学考察船，它曾是蛟龙号的母船。在向阳红 09 号科考船的全力配合下，蛟龙号多次成功下潜到人类从没去过的神秘海底，发现了好多秘密！

科学号

科学号是超级厉害的科考船！它具有全球航行能力及全天候观测能力，是我国综合性能最先进的科考船。2014 年 4 月 8 日，科学号从山东青岛出发，开始了它的首次航行。

我的绝活儿就是给海底“量体温”。

这就是它用的“体温计”——一根 7.5 米长、自重 965 千克的热流探针。

大洋一号

大洋一号是我国第一艘现代化的综合性远洋科学考察船。它是我国远洋科学考察的主力，山东青岛也是它的家。

东方红 3 号

东方红 3 号是全球最大的静音科考船。它的低噪声控制指标全球最高，可以让船上的科研生活环境更加舒适。2019 年，东方红 3 号在山东青岛正式加入东方红科考船大家庭。

蓝海 101 号

蓝海 101 号是我国最大的海洋渔业综合科考船之一，它由中国水产科学研究院黄海所负责建造和管理。2023 年 11 月 20 日，它从黄海起航，开始了它的第一个大洋航次。这标志着我国海洋渔业调查船开始从近海走向深蓝。

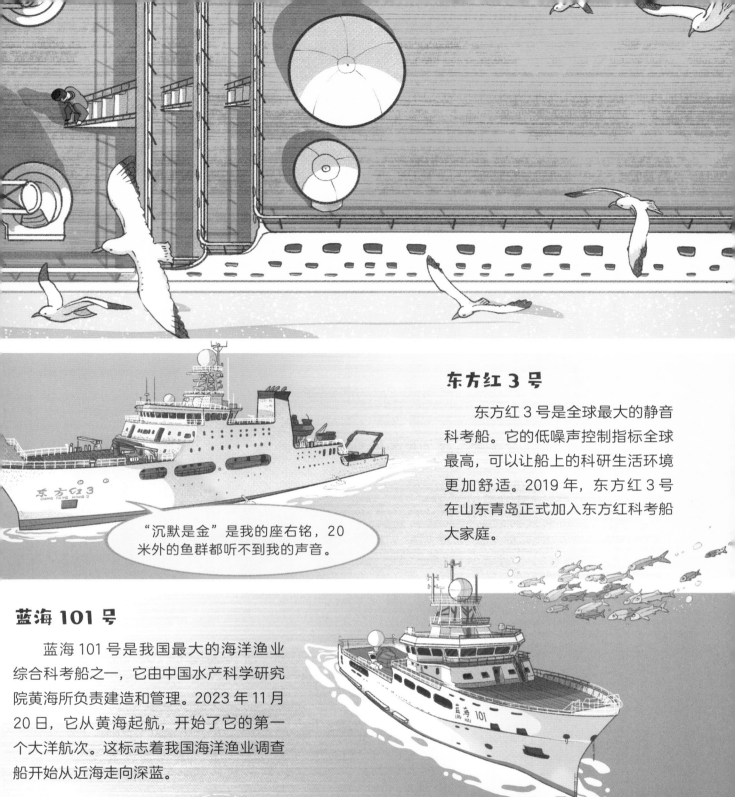

远望 6 号
有我在，咱们的航天器和运载火箭就不怕“迷路”了。

远望号

远望号是一支超级酷的船队！它有 7 艘远洋测控船和 2 艘负责运送火箭的船。这些船一起合作，帮助我们更好地探索海洋和宇宙。

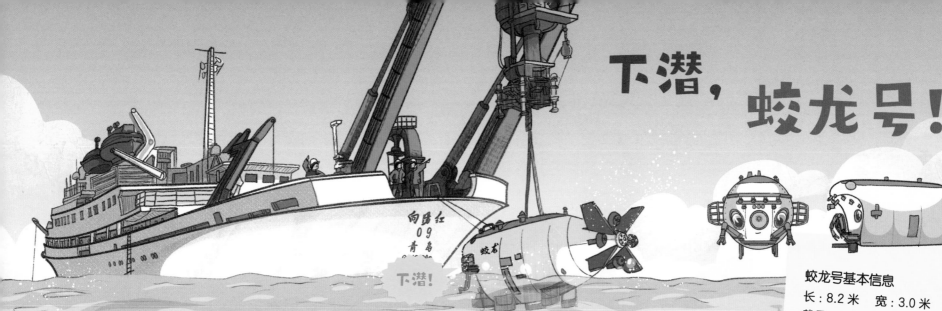

下潜，蛟龙号！

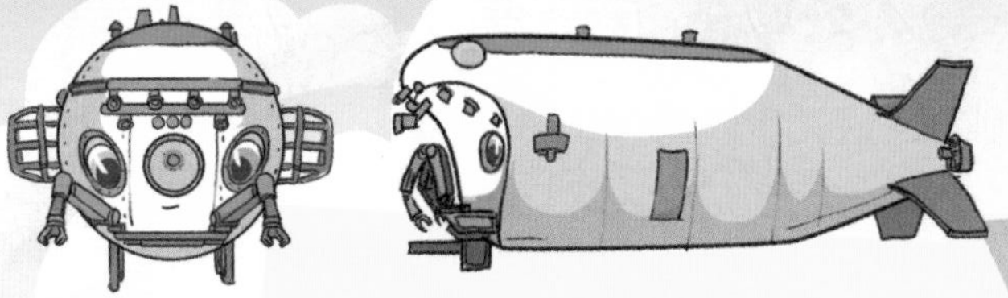

蛟龙号基本信息

长：8.2 米　宽：3.0 米　高：3.4 米

载员：3 人

探索海洋还需要潜水器。目前，我国最厉害的潜水器当然是蛟龙号！它是我国自行设计的载人潜水器，可以在全球 99.8% 的广阔海域自由行动。山东青岛是它的母港。快来跟着它一起下潜吧！

马里亚纳海沟是世界上最深的海沟，已知最大深度为 11 034 米。

-1 000m

2009 年 8 月，蛟龙号正式开始下潜，很快便下潜到 1 000 米的深度。

-3 759m

2010 年 5 月至 7 月，蛟龙号在中国南海进行了多次下潜任务，最大下潜深度达到了 3 759 米。

-5 057m

2011 年 7 月 26 日，蛟龙号有了新突破，可以下潜到水下 5 057 米啦！

-7 000m

2012 年 6 月 24 日，蛟龙号在马里亚纳海沟进行第四次下潜任务时首次突破 7 000 米，最大下潜深度达到 7 020 米。

-7 062m

2012 年 6 月 27 日，蛟龙号在马里亚纳海沟下潜到水下 7 062 米，创造了世界载人潜

2017 年，蛟龙号在西北印度洋新发现几十处海底“黑烟囱”。黑烟囱因热液喷出时形似黑烟而得名，被一些科学家认为是地球生命起源的地方。

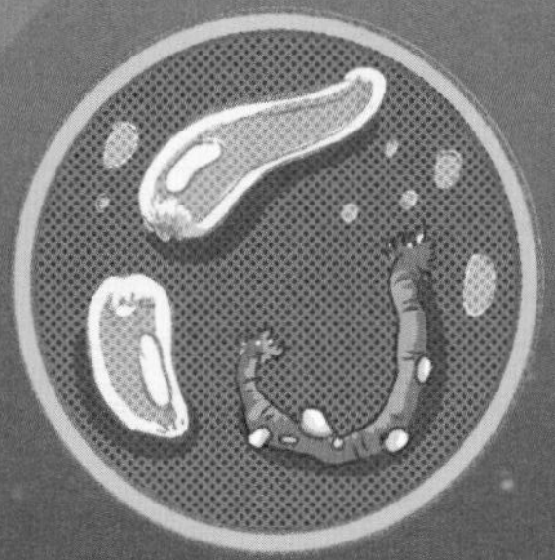

2015 年 1 月，蛟龙号在西南印度洋采集到一些不知名的生物。

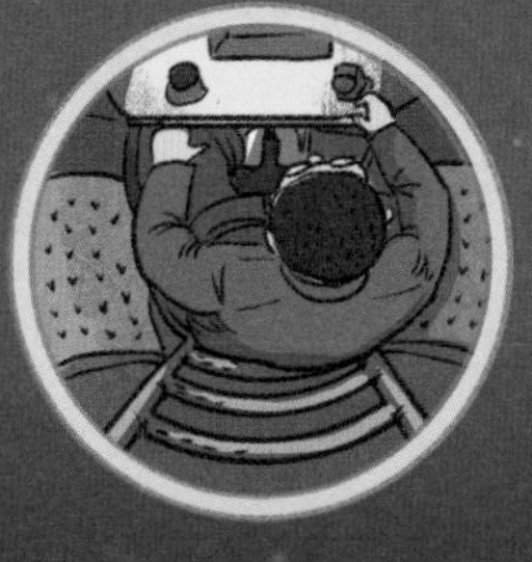

蛟龙号之所以这么厉害，是因为穿了一身神奇的“龙氏”装备。

“龙肺”——生命支持系统
提供充足的氧气、水、食品和药品，能够保障 3 人 12 小时的健康需求。
“龙鳍”——推进器
7 个推进器可以帮助它上下左右行动自如，还能做 90 度的翻转呢！
“龙鳞”——外壳
厚度仅有 70 多毫米，质量轻、导热性低、强度高。
“龙眼”——照明摄像
共配备了 17 盏照明灯，还有高精度的照相机和摄像机。
“龙鳔”——压载铁
一共有 4 块压载铁，通过增减其数量能实现下潜、悬停和上浮。
“龙脑”——载人耐压舱
载人舱是一个密闭球体舱，最多可容纳 3 人。
“龙口”——观察窗
共有 3 个观察窗，其中 1 个主观察窗，2 个副观察窗。
“龙爪”——机械手
位于潜水器正前方，左右各一个。

蛟龙号有个本领——悬停定位。一旦在海底发现目标，它就能立马定住，与目标保持固定的距离，完成各项任务。

它还有一套高速数字化水声通信系统，能够在水下实时传输语音和图像，帮助潜水器在潜入深海数千米时与母船保持联系。

浒苔来啦！

看，蛟龙号的“新发型”够时尚吧？其实，这是夏季常常光顾黄海沿岸的浒苔。别看它只是小小的海藻，一旦迅速繁殖，就会把海面变成“茫茫草原”，极难清理，令人头疼不已。

浒苔有什么危害？

浒苔本身并无害处，然而当它们过度繁殖时，就如同在海面上铺了一层厚重的绿色绒毯，遮挡了阳光，导致水下植物因光照不足而生长受阻。而当浒苔死亡并腐烂时，它们会消耗海水中的氧气，影响海洋生物的生长，甚至导致其死亡。

我需要阳光……
浒苔一来，我就胸闷气短。

浒苔长这样！

浒苔通常为鲜绿色的细长条状。部分浒苔的藻体上生长有分枝，而另一些则只有单独一条无分枝的藻体。

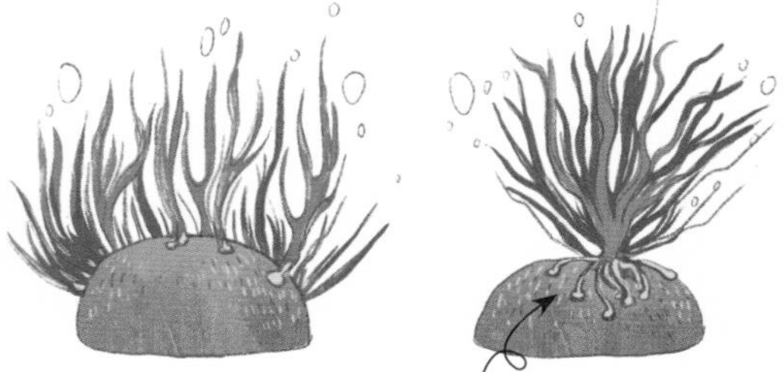

假根丝组成的盘状固着器帮助浒苔牢牢地附着在岩石上。

▼ 绿藻家族

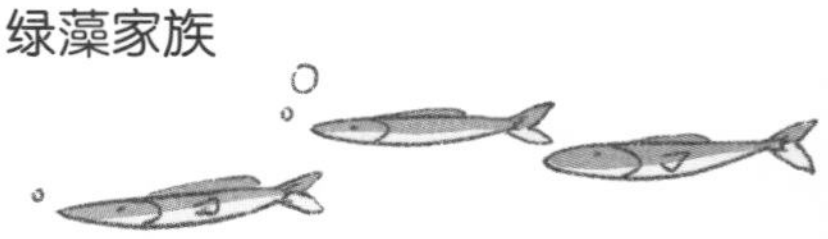

浒苔属于绿藻的一种，这一门类在藻类生物中最接近植物。小球藻、水绵、石莼等都属于绿藻家族。

水绵
小球藻

石莼

浒苔也有"大本领"

浒苔的本事可不小，漂在海上的它们具有强大的繁殖能力，靠着光合作用壮大队伍。不过不要怕，它们不会再把大海变成"大草原"，因为人们找到了变废为宝的办法。

▼ 浒苔的"超能力"

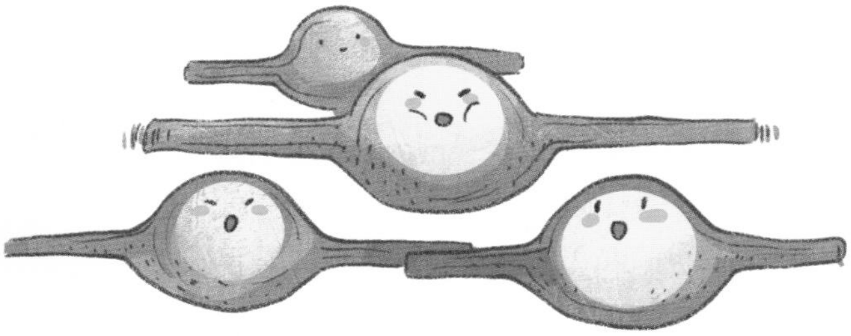

浒苔之所以能爆发式生长，得益于它藻体内的气囊。这些气囊能使浒苔轻盈地漂浮在海面上，从而最大限度地利用阳光进行光合作用。

▲ 变废为宝

浒苔具有利用价值，它们能够被加工为食物或动物饲料，或是加工成生物原油，再进一步获取汽油或柴油等燃料。

▶ 有性生殖示意图

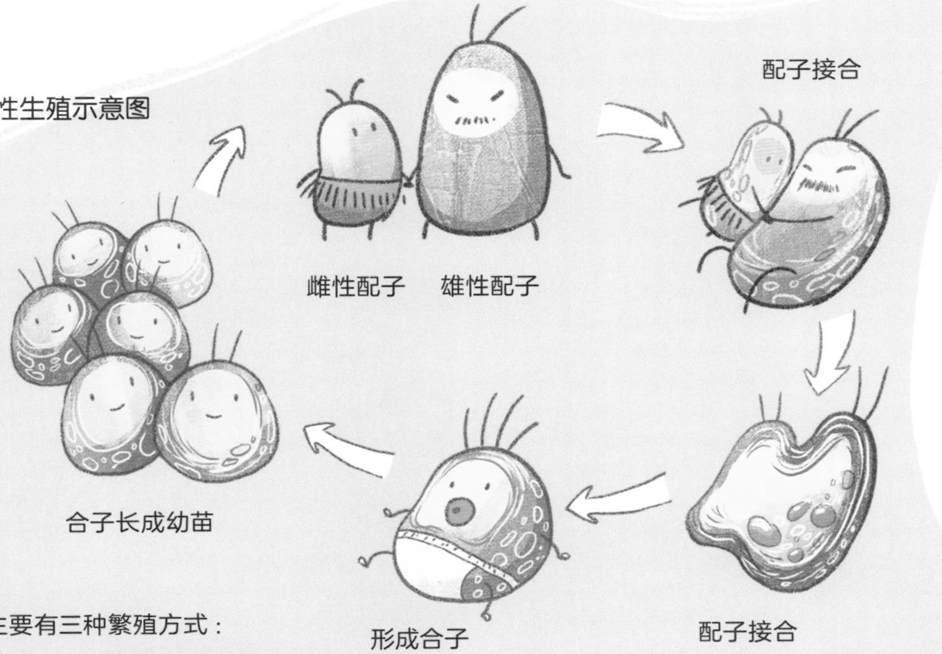

配子接合

雌性配子　雄性配子

合子长成幼苗

形成合子

配子接合

浒苔主要有三种繁殖方式：
有性生殖、无性生殖和营养繁殖。

浒苔的营养繁殖方式堪称自然界的"复制奇迹"！当浒苔的藻体发生断裂，或是细胞从藻体上自然脱落时，在适宜的生长环境中，断裂的藻体和脱落的细胞竟然能够发育成为全新的浒苔个体。

海雾来了！

大海上还有一种叫人头痛的事，就是发生海雾。每到春夏交替的时候，沿海城市常常笼罩在一片白雾之中，可要当心别迷路哟！

好大的雾！

什么是海雾？

当海面低层大气中水汽增加、温度降低时，空气中的大量水汽就会凝结成悬浮的细小水滴。随着水滴数量不断增多，就会形成海雾。

雾太大了，我都看不清码头在哪儿了……

海雾主要分为平流雾、混合雾、蒸发雾、辐射雾和地形雾五种。有时，海雾持续时间较长，甚至终日都不消散。

▲ 平流雾

平流雾又分暖平流雾和冷平流雾。当暖湿空气流经较冷的海面时，其底层水汽冷凝就会形成暖平流雾。

▲ 蒸发雾

海上的降水蒸发，使海面上的气层达到过饱和，从而凝结成的雾。

中国近海是世界知名的多雾区，来看中国不同海域海雾发生的大概时间吧！

▲ 南海　🌙 黄海　○ 东海　★ 渤海

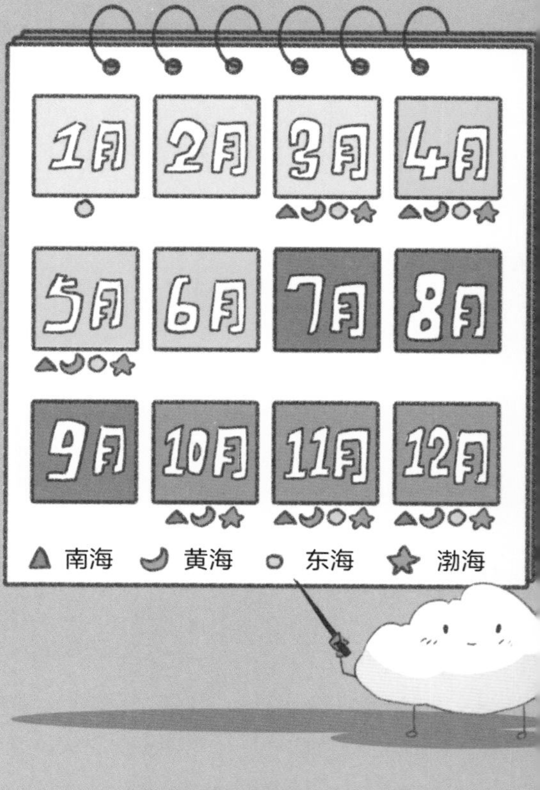

我是柔翼无人机，正在喷洒消雾剂，一会儿雾气就没有啦。

如何消除海雾？

为了避免海雾对航海的危害，人们发明了人工消雾法，通常是在雾区上空喷洒化学物质使雾气消散。

海牛的传说

据传，一个多世纪前，一名来自异乡的传教士携带着一尊铜制巨牛来到青岛，并将它沉入了海底。自此以后，每当有海雾时，那沉睡于海底的铜牛就仿佛被赋予了生命，开始发出低沉的吼声，直至海雾散去，叫声才会停止。当有渔船经过时，它的叫声就会更大，以帮助渔船判断出自己的方位。

▼ 真实的“海牛”

其实，真实的“海牛”是一种海上警示器，和海面上的灯塔作用一样。当港口及附近海面飘起浓雾时，警示器便会发出鸣叫，提醒船只注意礁岩的方位，安全进出港口。

青岛的团岛灯塔，在雾天每隔 30 秒钟就会发出 3 秒钟的警报哨声，也是“海牛”真正发声的地方。

2023.8.24 这一天……
2023 年 8 月 24 日
星期四 Thursday
当地时间 8 月 24 日下午 1 时
日本核污染水开始排放入海，
且排海时间至少持续 30 年！
每一滴被污染的海水都是地球的眼泪。
历史会记住这一天！